社会人1年生の

情報セキュリティ超入門

JN207559

Hacker Kaz
ハッカーかず

一般社団法人
あしたの仕事力研究所

技術評論社

はじめに

こんにちは、「ハッカーかず」と申します。セキュリティ業界で20年以上活動し、現在はセキュリティコンサルタントとして企業にアドバイスを提供しています。また、YouTubeでは「サイバーセキュリティをおもしろく、わかりやすく」をモットーに、エンタメ要素を取り入れた情報発信をおこなっています。セキュリティというと堅苦しく、難しく感じる方も多いですが、実はとても面白い分野です。

みなさんは、パソコンやスマートフォンを日常的に使っていますが、その裏でどれだけのリスクが潜んでいるかご存知でしょうか？ サイバーセキュリティの世界では、自分が被害者になるだけでなく、知らぬ間に加害者になってしまうこともあります。これはとても皮肉なことです。悪者たちにお金や情報、システムの制御を渡してしまうと、さらなる不幸が連鎖的に広がってしまいます。悪者たちに利益を与えてはいけません。たとえば、詐欺に遭って振り込んでしまったり、クレジットカード情報を盗まれて使われたり、著作権者に無断で作品を配信する「違法アップロードサイト」（いわゆる海賊版サイト）を閲覧して広告収益を与えてしまったりすると、私たちは気づかないうちに犯罪者にお金を渡し、さらに大きな犯罪の資金源を作り出してしまうのです。無知は罪です。だからこそみなさん自身と周囲の人々を守るために情報セキュリティを学ぶ必要があります。

車の運転に免許が必要なように、情報社会を生きる私たちにも「セキュリティの免許」が必要だと考えています。一人でも対策を怠れば、その弱点を悪用されて全体が危険にさらされます。鎖は一番弱い輪以上には強くなれません。だからこそ、「全員」がセキュリティを学び、実践することが求められます。

そのためには、まず「知ること」が大切です。本書を通じてセキュリティの基本を学び、それを周囲と共有することで、セキュリティを個人プレーではなくチームプレーとしてとらえ、安全な環境をいっしょに築いていきましょう！

本書では、オフィスワーカーのみなさんが直面する情報セキュリティの課題をゼロからわかりやすく解説します。セキュリティは難しいものではありません。正しい知識を身につけ、日々の業務で実践することで、誰もが安心して働ける環境を作ることができます。

さあ、いっしょにセキュリティの世界をのぞいてみましょう！ そして、チームとして協力し、悪者たちに立ち向かいましょう！

ハッカーかず

本書の構成について

第1章　情報セキュリティの基本
第2章　安全な「パスワード」作成・管理
第3章　ソフトウェア更新・メールセキュリティ・フィッシング対策
第4章　インターネット・SNSの安全な利用・ソーシャルエンジニアリング
第5章　オフィス内外での物理セキュリティ・モバイルデバイスの管理
第6章　リモートワーク時のセキュリティ・情報の社外への持ち出し
第7章　デバイス管理・ファイル共有・セキュリティポリシー

まず第1章では、「情報セキュリティの基本」についてお伝えします。情報セキュリティとは一体なにか？ なぜ重要なのか？ といった基本的な概念や基礎知識をしっかりと理解してもらうための内容をまとめています。ここで土台を作ることが、後の章での学びを深めるための鍵になります。

第2章以降では、具体的なシチュエーションに応じた対策について解説しています。たとえば、強固なパスワードの作成方法や安全なメールの取り扱い方、SNSやインターネットを安全に利用するためのポイントなど、実務で直面するさまざまな場面に役立つ情報を提供しています。

まずは、ぜひ第1章から読み進めてください。そして、第2章以降は、自分にとって必要な情報や関心のある部分から読むのもOKです。どの章も、仕事をするうえでの情報セキュリティを理解するための基礎的な内容ですが、とても重要なことばかりです。

それでは、さっそく第1章から始めていきましょう！

● 本書をお読みになる前に

・本書に記載された内容は、情報の提供のみを目的としています。したがって、本書を用いた運用は、必ずお客様自身の責任と判断によって行ってください。これらの情報の運用の結果について、技術評論社および著者はいかなる責任も負いません。
・本書記載の情報は、2025年2月現在のものを掲載しておりますので、ご利用時には、変更されている場合もあります。
・また、ソフトウェアに関する記述は、とくに断りのない限り、2025年2月現在での最新バージョンをもとにしています。バージョンアップされる場合があり、本書での説明とは機能内容や画面図などが異なってしまうこともあり得ます。

以上の注意事項をご承諾いただいたうえで、本書をご利用願います。これらの注意事項をお読みいただかずに、お問い合わせいただいても、技術評論社および著者は対処しかねます。あらかじめ、ご承知おきください。

● 商標・登録商標について

本書に記載されている会社名、商品名、製品名などは一般に各社の登録商標です。なお、本文中に™、®、©などのマークは基本的に記載しておりません。

目次

情報セキュリティの基本

安全な「パスワード」作成・管理

第3章

ソフトウェア更新・メールセキュリティ・フィッシング対策

目次

インターネット・SNSの安全な利用・ソーシャルエンジニアリング

第5章

オフィス内外での物理セキュリティ・モバイルデバイスの管理

リモートワーク時のセキュリティ・情報の社外への持ち出し

第7章

デバイス管理・ファイル共有・セキュリティポリシー

第1章

情報セキュリティの基本

この章では、情報セキュリティとはなにか、情報資産とはどんなものか、情報セキュリティを学ぶことでどんなメリットがあるのか、順番に解説していきます。

まず、「情報セキュリティとはなにか？」について説明します。情報セキュリティという言葉はよく耳にするものの、実際に「情報セキュリティとはなにか？」と聞かれると、はっきり答えられない方も多いかもしれません。ここでは、情報セキュリティの基本的な考え方を明確にし、なぜ私たちの仕事や生活において重要なのかを解説していきます。

次に、「情報資産とはなにか？」について考えてみましょう。情報資産とは重要な情報のことを指します。ここで大切なのは、情報資産とは単なるデータやファイルのことではない、ということです。情報資産が会社にとって、また、そこで働くみなさんにとって、どれくらい価値のあるものなのかを理解していきましょう。この項では、情報資産をどのようにとらえ、扱うべきかを学んでいきます。

そして最後に、情報セキュリティを学ぶメリットについて紹介します。情報セキュリティを学ぶことは、企業だけでなく、働くみなさん自身にとっても大きなメリットがあることをご存じでしょうか？ セキュリティの知識があれば、日々の業務に安心して取り組むことができ、自分自身のキャリアにも大きく役立つはずです。

このようなテーマを順番に掘り下げていきますので、ぜひ楽しみながら学んでいただければと思います。それでは、始めていきましょう！

1-1

情報セキュリティとは

みなさんは仕事をする中で、職場だけでなく、外出先や自宅でもパソコンやスマートフォンを使うことが多いのではないでしょうか？ 現代のオフィスワーカーにとって、デジタルデバイスは欠かせないものですが、それらを使ううえでさけては通れないのが情報セキュリティです。

では、そもそも「情報セキュリティ」とはなんでしょうか？ 簡単にいうと、**「情報を守ること」**です。私たちが仕事を通して扱うデータやファイルには、個人情報や企業の重要な機密情報が含まれており、それらを守るためにさまざまな対策を行うことを「情報セキュリティ」といいます。

特にハッカー（攻撃者）(注)は、会社の大切な情報を狙っています。それらを守ることが、情報セキュリティの使命です。わかりやすくたとえるなら、泥棒が家の財産や貴重品を盗もうとするのを防ぐことと同じです。ただし、家にある財産とは違い、デジタルの世界では、世界中のどこからでもあなたの情報が狙われる可能性があります。

その意味では、ハッカーによる攻撃は私たちにとって非常に身近であり、常にその脅威にさらされているといえるでしょう。なので、情報セキュリティの知識と対策をしっかりと学び、日々の業務や生活に活かすことが、私たち自身を守る第一歩です。

本書では、わかりやすくするために「不正な方法で情報にアクセスしようとする攻撃者」のことを「ハッカー」とよんでいます。
ただ、セキュリティ業界では本来ハッカーとは、「高度な技術を持った善意の技術者」のことで、不正な方法で情報にアクセスする人のことは「クラッカー」といいます。わかりやすさを優先し、こういった用語の使い方をすることをご了承ください。

情報セキュリティの3大要素

「情報を守る」といいましたが、具体的にはどのような意味でしょうか？ここで、情報セキュリティの基本となる「3大要素」を紹介します。これらは「CIA（シーアイエー）」ともよばれており、この3つの要素を守ることが、情報を安全に保つために非常に重要です。

1. 機密性（Confidentiality）

機密性とは、許可された人だけが情報にアクセスできるようにすることです。たとえるなら、あなたが自分の家に鍵を取りつけて、許可された人だけが家に入ることができるようにするのと同じです。家族や友人なら入れますが、知らない人が勝手に入ることはできません。情報セキュリティの観点からいえば、会社のデータやお客様の個人情報を許可されていない第三者に見られないように守ることが「機密性」にあたります。

2. 完全性（Integrity）

完全性とは、情報が正確であり、改ざんされていない状態を維持することを指します。家でたとえるなら、家の中の家具や物が壊されたり、盗まれたりしないように保護するようなものです。会社の持つデータを勝手に書き換えられないように守ることがこの「完全性」にあたります。

3. 可用性（Availability）

可用性とは、必要なときに情報やシステムにアクセスできる状態を保つことです。家でたとえるなら、ドアが壊れてしまって家に入れなくなるような状況を防ぐことです。つまり、あなたがいつでも家に帰れる状態を保つのと同じで、会社のシステムや会社の持つ情報を必要なときにすぐ使える状態にしておくことがこの「可用性」にあたります。

旅行会社を例にして考える

では、この「3大要素」が守られていないとどのような問題が起こるのか、旅行会社を例にして説明します。旅行会社では、以下のようなお客様の重要な個人情報を管理しています。

▼個人情報の例

- 名前、住所、電話番号、メールアドレス、生年月日
- クレジットカード情報、銀行口座情報
- パスポート情報
- 健康情報（アレルギーなど）

これらの情報が守られないと、次のような問題が発生します。

機密性が守られていない場合

機密性が守られていない状態というのは、たとえばお客様の個人情報が盗まれてしまうことです。特に、クレジットカード情報を盗られてしまえば、カードを不正利用されるリスクが高くなります。

完全性が守られていない場合

完全性が守られていない状態というのは、たとえば旅行会社の予約サイトがハッカーによって改ざんされ、ユーザーが正しい情報を得ることができなくなることです。サイトが改ざんされれば、お客様が誤った予約情報を確認したり、不正な情報を信じてしまうことになります。

可用性が守られていない場合

可用性が守られていない状態というのは、たとえば予約サイトが攻撃を受けてダウンし、使いたいときにサイトを使えなくなることです。お客様

が予約を行えなくなったり、既存の予約情報を確認できなくなってしまいます。

このように、情報セキュリティの3大要素である「機密性」「完全性」「可用性」を守ることは、企業にとっても、働くみなさんにとっても非常に重要な課題です。

セキュリティ事故の例

情報セキュリティの重要性を理解するためには、実際にどのような事故が起きているのかを知ることが大切です。身近なところでもセキュリティ事故は起こりうるため、どのような場面にリスクが潜んでいるのか、いくつかの具体例を見ていきましょう。

例①：実際の情報漏えい事件

企業を標的にした情報漏えい事件は後を絶ちません。どの企業も攻撃の対象になりうるため、常に備えが必要です。たとえば、2024年にこのような事件がありました。

株式会社KADOKAWAで、ハッカー集団にサーバへ侵入され、データを暗号化される被害が発生しました。この攻撃により、同社の提供するサービス（ニコニコ動画など）が全面的に停止し、利用者に大きな影響を与えました。さらに、盗まれた情報が公開され、被害はさらに拡大。サービスの完全復旧には1か月以上を要し、その間、多くのユーザーが不便を強いられることとなりました。

こういった事件は企業の信頼に大きなダメージを与えますし、企業活動にも深刻な影響がでます。

例②：日常生活におけるセキュリティ事故

セキュリティ事故の脅威は、企業だけではなく私たち個人の日常生活にも潜んでいます。日常的にインターネットを利用する中で、以下のようなセキュリティ事故に遭うリスクがあります。

▼ 日常生活におけるセキュリティ事故

- SNSでのなりすまし
- ウイルス感染
- ワンクリック詐欺
- オンラインショッピング詐欺
- 電話によるなりすまし詐欺
- ネットバンキング詐欺
- メールによるなりすまし詐欺
- Wi-Fiによる盗聴・乗っ取り
- サービスのアカウント乗っ取り
- 個人情報の不適切な公開
- メールのハッキング
- 自宅の機器のハッキング
- 遠隔操作アプリの悪用
- パソコンの盗難
- のぞき見・盗み聞き
- オンラインストーカー
- スマートフォン紛失

これらは一部にすぎませんが、私たちの日常生活でもこうした事故が簡単に起こりうることを理解しておく必要があります。

俺たちの狙いは「情報」！
手に入れたら詐欺に使ったり売ったりしてお金にする。特にクレジットカード情報は高値で売れるから、真っ先に狙うのさ。

例③：職場でのセキュリティ事故

オフィスワーカーとして働く中でも、さまざまなセキュリティ事故が発生します。以下に職場での典型的なセキュリティ事故の例をあげています。

▼職場でのセキュリティ事故

- 偽のメールに騙され、機密情報が漏えい
- メールの誤送信により、機密情報が漏えい
- メールアカウントの乗っ取りにより、機密情報が漏えい
- 偽の電話で騙され、機密情報が漏えい
- 業者を装ってオフィスに不正侵入される
- ウイルス感染によって端末が乗っ取られる

これらは一例で、他にもさまざまなケースがあります。そのどれもが日常業務の中で誰にでも起こりえます。特に、偽のメールや電話による詐欺行為は手口が巧妙化しているため、常に注意が必要です。情報セキュリティの基本知識を身につけ、職場や自分の身を守るための意識を高めましょう。

セキュリティ事故のリスクは身近な生活や職場にもあるもの。だから常に対策をたてることが大切なんだ。こういった例を参考に、日々の行動の中でどうすればリスクを減らせるか考えてみよう！

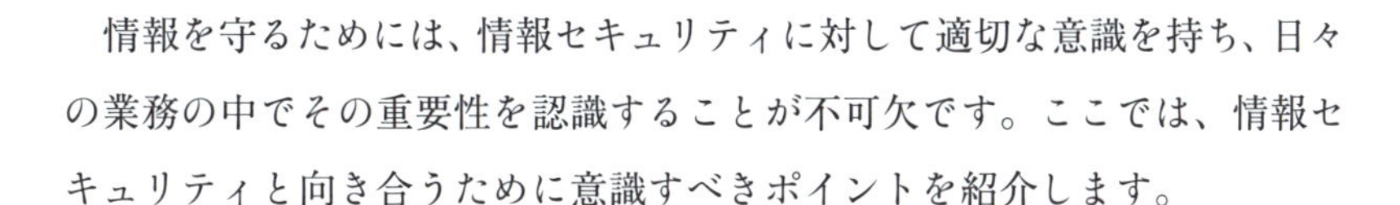

情報セキュリティとの向き合い方

情報を守るためには、情報セキュリティに対して適切な意識を持ち、日々の業務の中でその重要性を認識することが不可欠です。ここでは、情報セキュリティと向き合うために意識すべきポイントを紹介します。

情報を扱うすべての人が「自分ごと」としてとらえる

情報セキュリティは、一部の専門家やシステム管理者だけが意識すればいいわけではありません。セキュリティの強さは、一番弱いところで決まります。もしチームや組織の中で一人でも知識や対策が不十分な人がいると、その弱点を狙われる可能性が高くなります。そして、その1つの弱点が突破されると、連鎖的に周囲の人や組織全体に被害が及ぶこともあります。

鎖は一番弱い輪以上に強くなれない

一番弱い部分で強度は決まる。

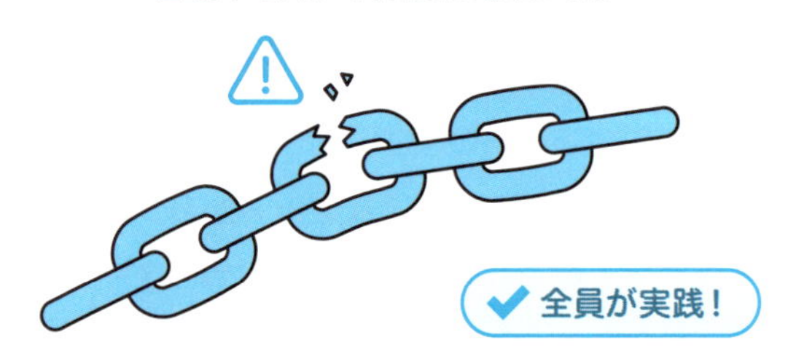

「鎖は一番弱い輪以上に強くなれない」というのはセキュリティ業界では有名な名言。1つでも輪がちぎれてしまえば鎖の役目は果たせないよね。セキュリティもそれと同じ。全員が実践して、情報を守っていく必要があるんだ。

たとえば、同じ端末に複数の人の情報を保管していた場合、その端末が攻撃されれば、自分の情報だけでなく他の人のデータもいっしょに盗まれる危険性があります。また、1つの端末が攻撃されると、その端末を踏み台にして、その人だけでなく、知り合いや職場にも攻撃が広がるケースもあります。だからこそ、情報を扱うすべての人が情報セキュリティを「自分ごと」としてとらえ、知識を持つことが非常に重要です。

セキュリティ事故を起こしてしまうと、
被害者でありながら加害者になるリスクがある

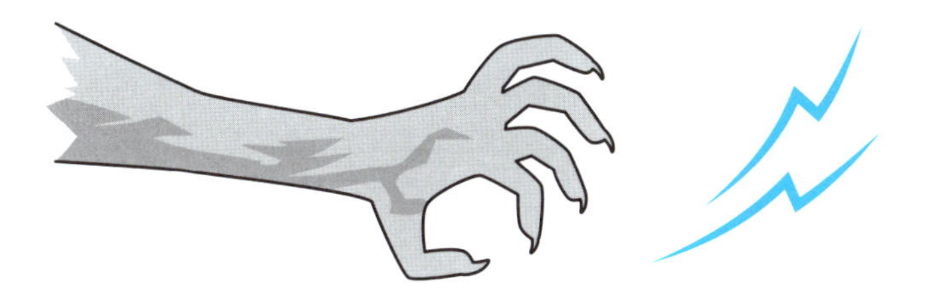

「継続的に」学んで定着させる

情報セキュリティは一度学べば終わりというものではありません。日々新しい脅威が生まれるデジタル社会において、全員が定期的に復習し、スキルや知識を常に最新の状態に保つことが求められます。そうすることで、常に変化するリスクにも対応できるようになります。

情報セキュリティを学ぶ際は、自分が知識を身につけるだけでなく、それを周囲と共有することも心がけましょう。そうすることで組織全体のセキュリティを強化できます。たとえば、車の運転を考えてみてください。全員がルールを守って安全に運転しなければ、事故が起こるリスクが高まります。情報セキュリティも同じで、全員が情報を安全に扱わなければセキュリティ事故が起きるリスクが高まります。全員が知識やスキルを共有し、継続的に学び続けることが重要です。

「知らない」から「共有する」へ

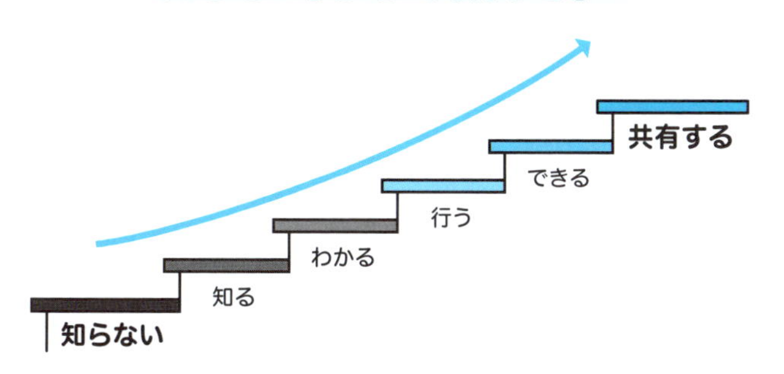

本書で必要なスキル・知識をしっかり学ぶ

情報セキュリティにおいて最も重要なのは、全員が「知識」、「スキル」、そして「セキュリティの意識」を常に持ち続けることです。本書では、日々の業務や生活において実践できるスキルや知識をお伝えしていきます。これらをしっかり学んで、実際に行動に移すことが、自分や周囲の人の安全を守る第一歩です。

本書を通じて、情報セキュリティに対する意識を高め、日々の仕事や生活の中でしっかりと実践していきましょう！

やってみよう

みなさんの職場ではどんなセキュリティ事故のリスクがありますか?
本書を読むだけではなく、みなさん自身の場合について考えてみましょう。
思いつく限りのセキュリティ事故をメモ帳などに書き出してみてください。

1-2

情報資産とは

情報セキュリティとは、「情報」を「守る」ことだとお伝えしましたが、この守るべき情報のことを「情報資産」といいます。

情報を適切に守るためには、その方法だけでなく、**なにを守るのか**をしっかりと把握することも重要です。情報資産とはどのようなものなのかを把握することで、情報を守るためのより良い方法を選べるようになります。

それでは、情報資産とはなにか、くわしく見ていきましょう。

情報の種類

ではまず、情報の種類についてお伝えします。一口に「情報」といっても、その種類は本当にさまざまです。ここでは「会社の大事な情報」と「お客様の個人情報」の2つに分けて見ていきます。

1. 会社の大事な情報

会社の大事な情報とは、企業や組織の運営や業務に関わるすべての情報のことです。たとえば、会社で企画書や計画書を作成したことがある方も多いのではないでしょうか? そういったものも会社の大事な情報です。企画書や計画書には会社の戦略や業務内容が含まれており、もし漏れてしまえば会社の信用や企業活動に大きな影響を与える可能性があります。

会社で扱う情報はすべて情報資産ととらえて、大切に扱うようにしよう!

▼ 会社の大事な情報の例

機密情報	企業戦略、開発計画、顧客リスト、取引先との契約内容
財務情報	収入、支出、銀行口座情報、クレジットカード情報、税務情報
取引情報	購入履歴、販売履歴、請求書、発注書、支払い履歴
運用情報	ログファイル、システム設定、ネットワーク構成、アクセス履歴

2. お客様の個人情報

もう一つの重要な情報資産は、お客様の個人情報です。個人を特定できる情報や、その人のプライバシーに関連する情報がこれにあたります。たとえば、サービスに登録するときに入力する名前や住所、メールアドレスなども、すべて個人情報にあたります。また、みなさんが病院に行ったときに作成されるカルテや、SNSに投稿した写真や動画も個人情報に含まれます。

▼ お客様の個人情報の例

基本情報	名前、住所、電話番号、メールアドレス、生年月日、パスポート番号
健康情報	医療記録、アレルギー情報、予防接種記録
位置情報	GPSデータ、位置履歴、移動パターン
メディア情報	写真、ビデオクリップ、録音された会話

Column 業種別の情報資産の例

もうすこし具体的に、業種ごとの情報資産の例も見ていきましょう。ここでは、各業種で取り扱われる代表的な情報資産を例に挙げていますが、実際にはこれ以外にも多くの種類があります。

以下の例のように、業種や会社の特性によって情報資産の種類は大きく異なります。みなさんの勤めている会社の業種によっても情報資産の内容は変わってきます。ただし、業種が違っても守るべき大事な情報があるのは同じです。

▼業種別の情報資産の例

業種	情報資産の例
製造業	製品設計図、製造プロセス、顧客情報、品質管理データ、物流情報、生産スケジュール
小売業	顧客データベース、在庫管理システム、売上データ、マーケデータ、仕入れ情報、従業員データ
金融業	顧客口座情報、取引履歴、内部リスク評価、投資戦略データ、規制対応情報、決算報告書
医療	患者の診療記録、医療研究データ、保険情報、医療機器データ、薬剤情報、スタッフ情報
教育機関	学生情報、研究データ、授業資料、入試データ、卒業生データ、財務情報
IT企業	ソースコード、プロジェクト計画、顧客契約情報、インフラデータ、バグ解析データ、ユーザーデータ
レジャー業	宿泊客情報、運営データ、従業員データ、メンテナンス情報、契約情報、イベント情報
法律事務所	クライアント情報、訴訟資料、内部メモ、契約書、法務リサーチ、財務情報

情報が保存されている場所

次に、情報資産が保存されている場所についてです。情報資産は、私たちの目に見える形で存在する場合もあれば、目に見えない形で存在する場合もあります。

情報資産は大きく3つのカテゴリーに分けることができます。それぞれどのようなものなのか見ていきましょう。

1. 電子データ

まず最もイメージしやすいのが、デジタル形式で保存されている電子データです。日々の業務で利用されるメールやOfficeファイル、USBメモリに保存されたデータなどがこれにあたります。

電子データの例

- 電子メールに記載された情報
- デジタルファイル(Word、スプレッドシート、PDFなど)内の情報
- クラウドストレージ内の情報
- USBメモリ・外付けハードディスク・CD/DVD内の情報
- 映像・音声データ(ビデオ映像、音声録音、音楽ファイル)

2. 物理媒体

次に、物理媒体に保存されている情報です。これは、紙に印刷された文書やホワイトボードに書かれたメモなど、目に見える形で存在しています。デジタル化されていない情報であっても情報資産であることに変わりはありません。

物理媒体に保存されている情報の例

- 紙媒体情報（印刷された文書、手書きのメモ、契約書、請求書、領収書）
- その他の物理的媒体（ホワイトボードに書かれた内容、ビデオテープ、カセットテープ）

3. 知識情報

最後に、知識情報についてです。これは、個人の頭の中にある知識や経験、会議や打ち合わせで口頭で伝えられる情報などです。こういった情報は形がないためつい見過ごされがちですが、業務に関する重要な知識やノウハウであり、企業にとって非常に価値のある情報です。

知識情報の例

- 経験から得た知識
- 専門家のノウハウ
- 記憶された情報
- 口頭情報（会議や打ち合わせ、電話での会話、プレゼンテーション、口頭での指示）

情報というと電子データをイメージする人が多いかもしれないね。でも、物理媒体や知識情報も大切な情報資産。すべての情報資産を守るために、どうすればいいかいっしょに考えよう！

情報の重要度

最後に、情報の重要度についてです。情報はすべて守るべきものですが、その中でも特に価値の高い情報はハッカーに狙われやすく、特別な対策が必要です。ここでは情報の重要度を大きく4つに分けて、重要度の高いものから順にそれぞれの特徴を説明していきます。

1. 機密情報

機密情報とは組織内部で厳重に管理されるべき情報で、企業が最も守るべきものです。みなさんの中にも、こうした情報を扱っている方が多いのではないでしょうか？ これらの情報はハッカーの標的になりやすく、もし競合他社に渡ってしまうと、企業にとって大きな損失になります。

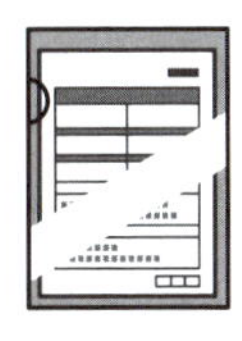

機密情報の例

- 企業の戦略計画
- 製品の設計図
- 未発表の技術
- 顧客の個人情報
- 財務報告書

2. 部外秘

部外秘は、特定の部門内でのみ共有される情報です。たとえば、人事情報や従業員の給与情報は人事部だけで管理されるべきものであり、他の部門や部外者に漏れてはいけません。このような情報は、部門間の信頼関係を維持するためにもしっかりと守る必要があります。

部外秘情報の例

- 社員の給与情報
- 未公開のプロジェクトについての計画書
- 部門の予算案

3. 社外秘

社外秘は自社内でのみ共有される情報で、外部には一切公開してはいけないものです。この情報が漏れてしまうと、それを足掛かりにして部外秘や機密情報を盗もうと攻撃される可能性があります。部外秘よりも重要度が落ちるからといって、守らなくていい情報というわけではありません。

社外秘情報の例

- クレーム対応マニュアル
- 社内規程
- 社内システムの操作マニュアル

4. 公開情報

公開情報は誰でもアクセスできる情報です。公開されている情報であっても、改ざんされることで企業や組織の信頼が損なわれることがあります。たとえば、ウェブサイトに掲載されている情報が改ざんされ、ウソの情報が載せられた場合、企業の信頼は落ちてしまいます。公開されていても、守るべき情報であることに変わりはありません。

公開情報の例

- プレスリリース
- 公式ウェブサイトの情報
- 広告資料

情報はすべて大事ではありますが、重要度の高い情報を扱うときは特に注意するようにしましょう。ハッカーは重要度の高い情報から狙います。重要度の高い情報は売ると莫大な利益が出るからです。重要な情報を扱う方は、特にセキュリティ対策を徹底するようにしましょう。

やってみよう

みなさんが職場で取り扱っている情報資産にはどんなものがありますか?
みなさんの職場にある情報資産をメモ帳などにできるだけたくさん書き出してみてください。

1-3

情報セキュリティを学ぶメリット

情報セキュリティを学ぶことで、どのようなメリットがあるでしょうか？実は、個人だけではなく、企業にとっても非常に大きなメリットがあります。情報セキュリティを学ぶ主なメリットについて、企業と個人の2つの視点から見ていきましょう。

情報セキュリティを学ぶメリットを知ることで意識を高めることができる。どんなメリットがあるのかしっかり学んでいこう！

企業にとってのメリット

情報セキュリティを学ぶことが、企業にどんなメリットをもたらすか、すぐにピンとこない方もいるかもしれません。でも実は、企業にとっても大きなプラスがあります。ここでは、その代表的な3つのメリットを紹介します。

1.経済的な損失を防ぐ

もしハッカーから攻撃を受けると、業務がストップしてしまい、商品やサービスを提供できなくなります。その結果、売上が減ってしまい、経済的な損失につながることも。さらに、システムが破損した場合は、技術者の手配や修復に時間と費用がかかり、損失はさらに増えてしまいます。セキュリティを守ることで、こうしたリスクを事前に回避できます。

2.法的トラブルをさける

多くの企業では、お客様や取引先の個人情報を扱うことがあると思います。この情報を適切に管理しないと、個人情報保護法に違反し、罰金や罰則が科せられる可能性があります。情報をしっかりと管理することで、法的なトラブルのリスクを大幅に減らせます。

3.信頼性を高める

お客様の個人情報や取引先との情報をしっかりと守っていることが評価されると、企業の信頼性が上がります。それが、新たな契約やビジネスチャンスにつながることもあります。反対に、個人情報を漏えいさせる企業には、誰も自分の情報を預けたいとは思わないですよね。セキュリティ対策を徹底し、信頼を得たうえでビジネスをしていくことが大切です。

では、セキュリティ事故を起こしてしまうと、具体的にどれくらいの被害が出るのでしょうか？

2021年のデータによれば、セキュリティ事故による経済的な被害は、1組織あたり平均で約3億2850万円(注)に上るという調査結果が出ています。サービスの停止による売上の減少、壊されたシステムの復旧費用など、さまざまな被害が重なりこのような大きな金額になります。

みなさんのたった1つのミスがこの被害につながる可能性があるんだ。このリスクは決して他人ごとではなく、私たち一人ひとりが自分ごととしてとらえるべきこと。それを肝に銘じてセキュリティを守っていこう！

出典：トレンドマイクロ法人組織のセキュリティ成熟度調査 2022年実施
https://www.trendmicro.com/ja_jp/about/press-release/2022/pr-20221207-01.html

個人にとってのメリット

次は、個人にとってのメリットを紹介します。企業にとってのメリットと似た内容に見えるかもしれませんが、みなさんに直接関係するメリットです。

1.経済的な損失を防ぐ

もし詐欺に遭ってクレジットカード情報を騙し取られれば、金銭的な被害が発生します。また、仕事中に起きたセキュリティ事故であっても、場合によっては個人に賠償責任が発生し、賠償支払いにより経済的な損失をうけることもあります。セキュリティを守ることで、こうしたリスクをさけることができます。

2.法的トラブルをさける

仕事をしているとさまざまな情報を扱いますが、その管理が不適切だった場合、法律違反となり個人にも責任がとわれることがあります。情報をしっかりと管理しておけば、こういったトラブルを防ぐことができます。

3.信頼性を高める

情報は企業にとって重要なもの。その情報を守ろうとする姿勢はあなたの信頼に直結します。信頼性が上がることは、あなたの評価が上がることにもつながります。

「1.経済的な損失を防ぐ」の項で仕事中に起きたセキュリティ事故でも個人に賠償責任が発生する場合がある、とお伝えしましたが、具体的にどういったときなのでしょうか。代表的な例を4つ、見てみましょう。

①業務用のパソコンを紛失する

たとえば、個人情報が入った業務用のパソコンを紛失する、といったケースはよく聞く話です。電車に乗ったときに業務用のパソコンを網棚に乗せてそのまま降りそうになった経験がある方もいるかもしれませんね。この場合、機密情報が漏えいし、企業に損害が出たと判断されると過失による情報漏えいとなり、個人にも賠償責任が発生する可能性があります。

②自社の機密情報を売却する

内部犯行として、自社の機密情報を勝手に他社に売って利益を得るといった悪質な行為もあります。本来あってはいけないケースですが、このような行為が発覚した場合、当然ながら賠償責任が伴います。

③持ち出し禁止のUSBメモリを持ち出す

会社の規程で持ち出しが禁止されているUSBメモリを無断で社外に持ち出すことも、賠償責任が発生する可能性があります。持ち出したUSBメモリを紛失し、情報漏えいにつながった場合「セキュリティポリシー違反」として会社から訴えられて賠償責任が発生する場合があります。

④会社で使うパスワードを簡単なものにする

仕事で使用するパスワードを簡単なものにしていた結果、ハッカーに狙われてアカウントを乗っ取られるといったケースもあります。この場合、「データ管理の不備」として、個人に賠償責任が発生することもあります。

「これ、もしかして自分もやってしまうかも？」と思う場面、ありませんでしたか？ 情報セキュリティを徹底することは、企業だけでなく私たち一人ひとりにとっても大きなメリットがあります。こういったメリットを受け取れるよう、しっかりと情報セキュリティを学びましょう。

やってみよう

情報セキュリティを学ぶことはみなさん自身にとってどのようなメリットがあるでしょうか?
メモ帳などに思いつく限り書き出しましょう。

第2章

安全な「パスワード」作成・管理

情報セキュリティについて考えるとき、「パスワード」はさけて通れない重要なものです。
みなさんも日常的に、ネットショッピングやSNSなど、さまざまなサービスを利用していることでしょう。その際、必ず必要になるのが「パスワード」です。

日常生活だけでなく、パソコンを使った業務を行うときも、インターネット上のさまざまなサービスを活用している方は多いのではないでしょうか。多種多様なサービスを使ううえで、みなさんはパスワードの作成や管理をどのようにしていますか？あまり意識せずに使っている方も多いかもしれません。しかし、パスワードを適切に作成・管理していないと、パスワードを盗まれたり漏えいしたりする可能性があります。

では、もし業務で使用しているパスワードが誰かに盗まれたり、第三者に漏えいした場合、なにが起こるのでしょうか？ パスワードが盗まれることで、アカウントの不正利用や個人情報の流出、さらにはクレジットカードの悪用など、さまざまなリスクが発生します。個人の問題に留まらず、企業全体にとって大きなダメージを与える可能性があります。こういった危険性は容易に想像できるのではないでしょうか。

情報セキュリティの基本であり、最も重要な要素の1つである「パスワード」。この章では、パスワードを安全に管理・運用する方法について、「パスワードの重要性」「正しい作成方法」「適切な管理方法」という順番で、徹底的に解説します。

2-1

パスワードの重要性

パスワードは、私たちの身近にあるさまざまなサービスで使われています。そのため、日常生活でも業務中でも、パスワードが必要になる場面は多々あります。SNSで情報収集するとき、オンラインバンキングを利用するとき、仕事でリモート会議に参加するときなどでもパスワードが必要です。

みなさんも毎日のようにパスワードを入力しているのではないでしょうか。

パスワードが重要なものだというのは耳にしたことがあると思いますが、なぜそんなにも重要だといわれているのでしょうか？ それは、もしハッカーにパスワードを知られてしまうと、簡単にアカウントを乗っ取られてしまうからです。アカウントが乗っ取られると、そこにある個人情報が盗まれて悪用されるリスクが高まります。では、パスワードが盗まれた場合、具体的にどのような被害が発生するのか、いくつかの例を見てみましょう。

被害例1：ショッピングサイトのパスワードが盗まれた場合

ショッピングサイトのアカウントには個人情報やクレジットカード情報が含まれているため、ハッカーからよく狙われます。たとえば、ショッピングサイトのパスワードが盗まれると次のようなリスクがあります。

①アカウントの不正利用

ハッカーがあなたのアカウントを使って、勝手に商品を購入する可能性があります。気づいたときには、自分が注文した覚えのない商品がハッカーの住所に発送されている…なんてことも。

②個人情報の流出

氏名、メールアドレス、住所、さらにはクレジットカード情報などが盗まれ、悪用されるリスクがあります。

③クレジットカードの悪用

クレジットカード情報が盗まれれば、知らないうちに不正利用され、高額な請求が届くこともあります。さらに、クレジットカードの使用停止や再発行の手続きといった手間もかかってしまいます。

被害例2：SNSのパスワードが盗まれた場合

SNSアカウントも、個人情報や人間関係に関わる大切な情報が詰まっています。SNSアカウントのパスワードが盗まれると、次のような被害が出るリスクがあります。

①アカウントの不正利用

誰かがあなたのアカウントに勝手にログインしてしまい、あなた自身がログインできなくなることがあります。それだけでなく、他の誰かがあなたになりすまして不正なメッセージを発信する可能性もあります。

②不正メッセージによる信用の低下

乗っ取られたアカウントから、あなたの友人やフォロワーに対して不正なメッセージが送られると、あなたの信用が失われてしまいます。詐欺的なメッセージなど、内容によっては「どうしてそんな投稿をするのか」とあなた自身が誤解されてしまいます。

③ブランドイメージの低下

企業の公式アカウントが乗っ取られると、乗っ取られた事実そのものが企業の信頼に大きなダメージを与えます。ブランドイメージの低下や、お客様の不信感を招くことにもつながってしまいます。

パスワード１つ盗るだけでこれだけ好き放題できるのさ！

パスワードが流出していないか確認する

パスワードが盗まれると大きな被害につながる可能性があることをお伝えしました。しかし、みなさん自身がパスワードをしっかり管理していても被害を受ける場合があります。みなさんに過失がなくても、みなさんが利用しているサービスやウェブサイトのデータベースがハッキングされ、そこに保存されているパスワードが外部に流出してしまうケースがあります。

自分の知らないところでパスワードが流出していたらと思うと不安になる方もいるのではないでしょうか？

実は、自分のパスワードが流出していないか確認する方法があります。

ここでは、「Pwned Passwords」という、過去の漏えいデータに基づいてパスワードが流出しているかどうかをチェックできるサイトを紹介します。このサイトでは、ハッキング事件やデータ漏えいで流出したパスワード情報を検索でき、あなたのパスワードがその中に含まれているか確認できます。

無料で使えて、短時間で簡単にチェックできるので、ぜひ確認してみてください。

「Pwned Passwords」での確認手順

①サイトを開く

Pwned Passwordsのページを開きます(注)。

https://haveibeenpwned.com/Passwords

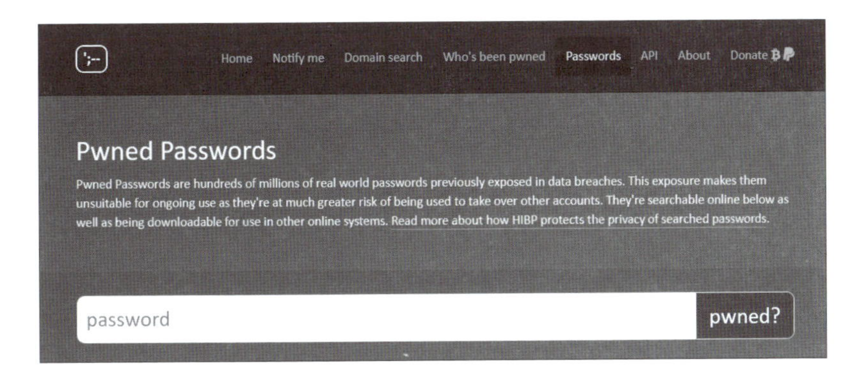

②パスワードを入力する

流出していないか確認したいパスワードを入力します。

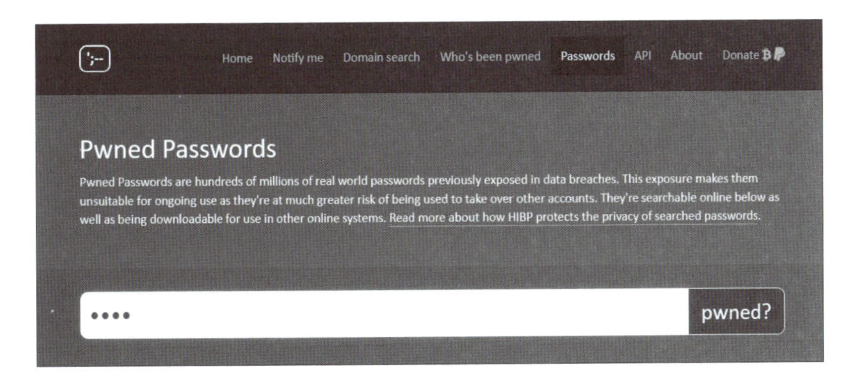

このサイトは過去の漏えいデータに基づいているため、パスワードの強度や安全性を保証するものではありません。

「Pwned Passwords」は、Troy Huntというセキュリティの専門家が運営しており、多くの企業でセキュリティ監査に用いられている信頼性の高いサイトです。しかし、同様のサービスを提供する他のサイトにパスワードを入力する際は注意が必要です。悪意のあるサイトにパスワードを入力すると、逆にそのパスワードが盗まれる危険性があります。

③「pwned?」をクリックする

入力が終わったら「pwned?」ボタンをクリックします。

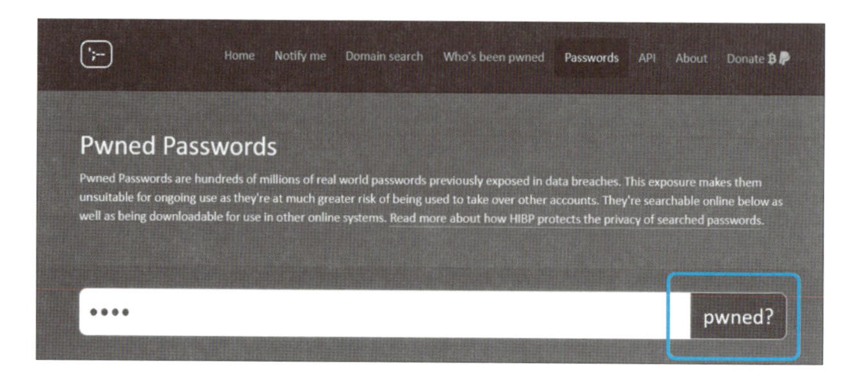

④結果を確認する

もしパスワードが過去に流出していた場合、「Oh no! — pwned!」というメッセージが表示されます。

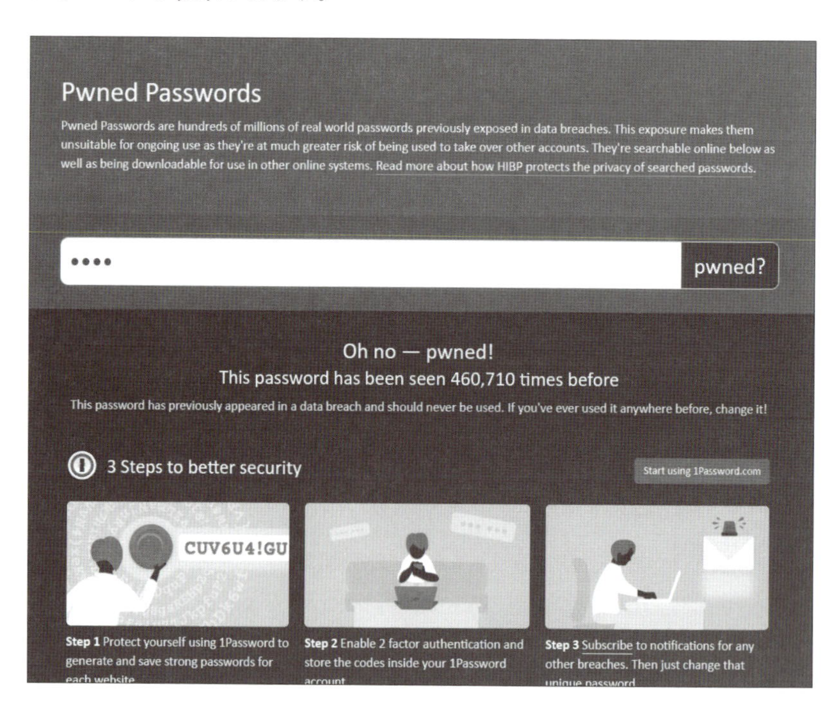

パスワードが流出していなければ「Good news — no pwnage found!」というメッセージが表示されます。

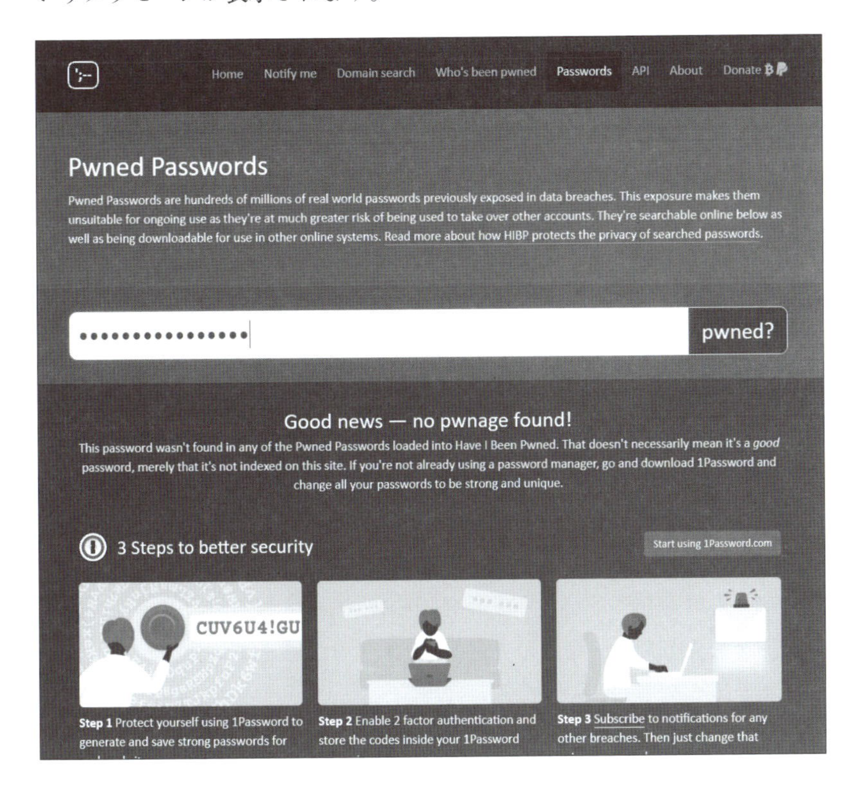

「2段階認証」(2要素認証)でセキュリティを強化する

パスワードが漏れてしまうと、さまざまな被害を受ける可能性があることをお伝えしてきました。しかし、どれだけ注意していても、データ漏えいやハッキング事件などでパスワードが流出してしまうこともあります。パスワードの流出を完全に防ぐのは、とても難しいことです。

では、どうすればいいのでしょうか？ ここで活躍するのが、「2段階認証」(2要素認証)です。2段階認証を使うことで、パスワードが漏れてしまってもセキュリティを確保することができます。ここからは、2段階認証とはなにか、くわしくお伝えします。

「認証」とは？

2段階認証について説明する前に、まず「認証」とはなにかを押さえておきましょう。認証とは、サービスやシステムを利用する際に、その利用者が本当に本人であるか確認することです。この確認をするために、「本人である」ことを示す情報を提示します。この情報として使われているのがパスワードです。たとえば、サービスにログインする際、本人しか知らない情報であるパスワードを入力することで、本人確認が行われます。

認証にはパスワードが使われることが多いですが、実は他にもさまざまな情報を使うことができます。認証に使える情報は、大きく3つの種類に分けることができます。1つずつ見ていきましょう。

知識情報

まず1つ目は「知識情報」です。これは、自分しか知らない情報のことです。たとえば、パスワードや秘密の質問の答えがこれにあたります。パスワードを入力したり、秘密の質問に答えたりすることで、認証が行われています。

所持情報

次に「所持情報」です。これは、あなたしか持っていないもののことです。IDカードやスマートフォンがその代表例です。たとえば、オフィスに入るときにIDカードを使ってドアを開けるのも所持情報を使った認証方法です。また、SMS認証コードを使った認証も、スマートフォンを持っている必要があるので所持情報を使った認証方法の1つです。

持っていなければ認証できないので、所持情報を使った認証は漏えいする可能性がある知識情報を使った認証よりも安全性が高くなります。

持っているもの

(例)
- IDカード
- スマートフォン

生体情報

最後に「生体情報」についてです。これは、あなただけが持つ身体的特徴のことです。指紋や顔、虹彩などがこれにあたります。最近では、スマートフォンのロック解除に指紋や顔認証を使っている方も多いですよね。生体情報は一人ひとり異なるものなので、これを使った認証は非常に安全性が高いです。

自分だけの特徴

(例)
- 指紋
- 顔

「2段階認証」(2要素認証)とは?

それでは「2段階認証」[注]とはなんでしょうか? 2段階認証とは、「知識情報」、「所持情報」、「生体情報」のうち、2つの情報を組み合わせて本人確認を行う認証方法のことです。たとえば、パスワードを入力し、その後さらに指紋を使って認証するといったことがあげられます。これは、知識情報であるパスワードと、生体情報である指紋の2つを組み合わせた2段階認証です。

この認証方法を使うことで、万一パスワードが漏れてしまっても、もう一つの情報がなければ本人確認ができないため、セキュリティが大幅に強化されます。

現在、多くのオンラインサービスで2段階認証が使われています。たとえば、Googleアカウントではパスワード（知識情報）に加えて、スマートフォンに送られる確認コード（所持情報）を使った認証が可能です。2段階認証を設定すれば、万一パスワードが漏れて第三者の手に渡っても、確認コードがないとログインできないので不正アクセスを防ぐことができます。

パスワードは大切なものだけど、流出してしまうのを完全に防ぐことは難しいんだ。だから、パスワードだけに頼った認証は危険。セキュリティを強化するためにも、2段階認証を設定するようにしよう。

2段階認証の設定方法

2段階認証を設定するようおすすめしましたが、どうやって設定すればいいのでしょうか？ サービスによってその設定方法は異なりますが、ここでは一例として、Googleアカウントでの設定方法を紹介します。まだ設定していない方は、ぜひこの機会に設定し、アカウントの安全性を高めましょう。

本書では、一般的な理解に合わせて、複数の認証手段を利用する方法を「2段階認証」とよぶこととします。ただし、セキュリティ業界においては、異なる2つの認証要素を組み合わせたものを「2要素認証」といい、同じ要素を用いた認証手段であっても認証を複数回行う場合は「2段階認証」といいます。本書の内容を理解しやすくするため、このような用語の使い方をすることをご了承ください。

Googleアカウントの２段階認証を設定する方法

①Googleアカウントにログイン

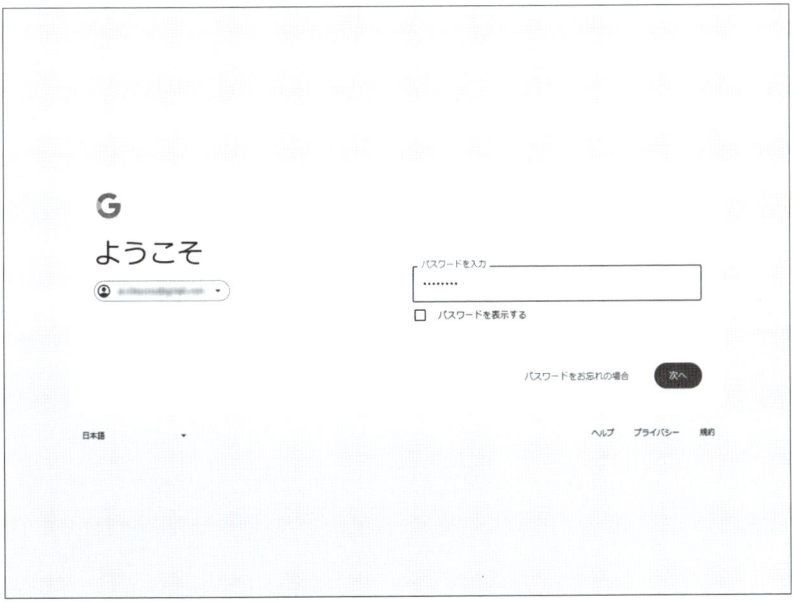

ログイン
お客様の Google アカウントを使用
メールアドレスまたは電話番号
メールアドレスを忘れた場合
ご自分のパソコンでない場合は、ゲストモードを使用して非公開でログインしてください。ゲストモードの使い方の詳細
アカウントを作成　次へ
日本語　ヘルプ　プライバシー　規約

ようこそ
パスワードを入力
パスワードを表示する
パスワードをお忘れの場合　次へ
日本語　ヘルプ　プライバシー　規約

②「セキュリティ」をクリック

③「2段階認証プロセス」をクリック

④「2段階認証プロセスを有効にする」をクリック

⑤日本を選択し、電話番号を入力する

国を「日本」に設定し、電話番号を入力します（一番最初の「0」を除いた形式で）。

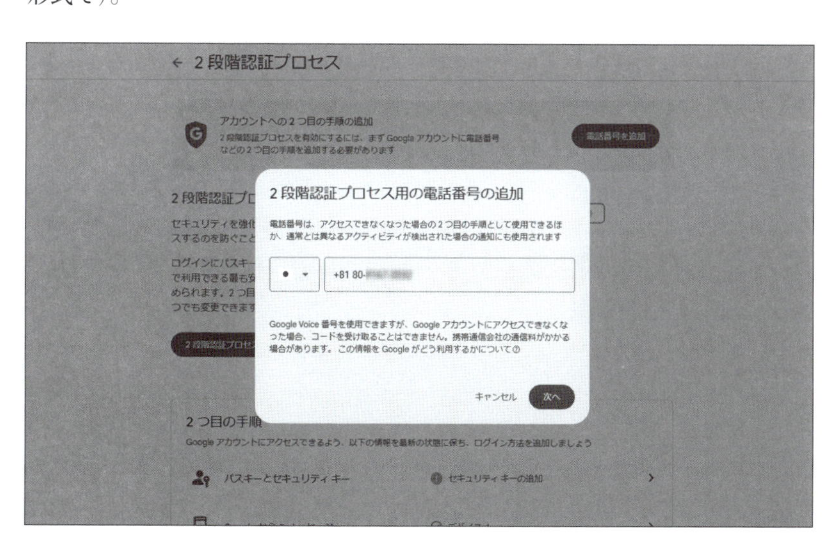

⑥確認コードを取得する

入力した電話番号あてに確認コードが送信されますので、スマートフォンで確認します。

⑦確認コードを入力する

取得した確認コードをサイトに戻って入力します。

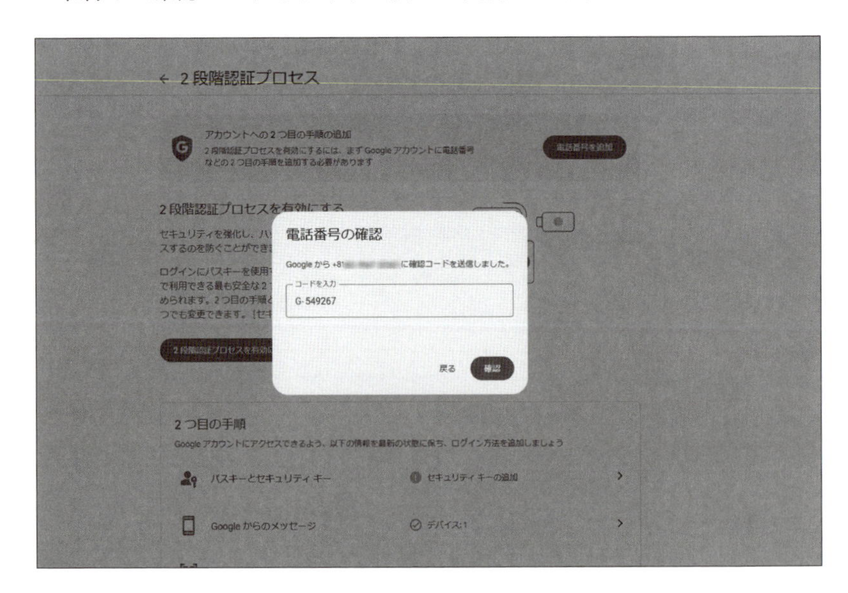

この画面が表示されれば設定は完了です。

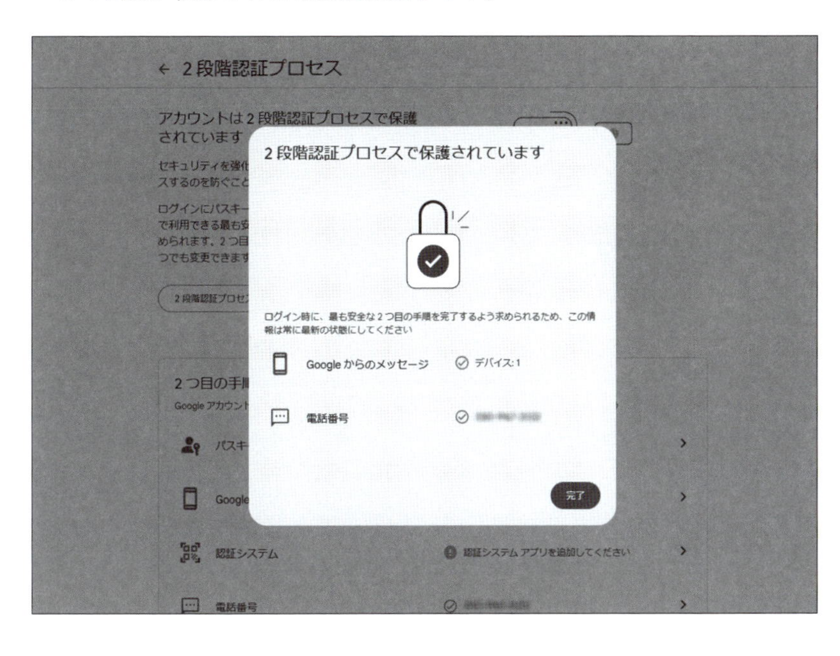

2段階認証を使ったアカウントへのログイン方法

①メールアドレスを入力

Googleアカウントのログインページにアクセスし、メールアドレスを入力します。

②パスワードを入力する

③確認コードを確認する

登録した電話番号あてに確認コードが送信されますので、スマートフォンで確認します。

④コードを入力する

サイトに戻って確認コードを入力し、「次へ」をクリックするとログインできます。

やってみよう

みなさんも以下の2つを実際にやってみてください。

①使っているパスワードが漏えいしていないか確認する
(やり方：40ページ)

②Googleアカウントで2段階認証を設定する
(やり方：47ページ)

2-2

パスワードの正しい作成方法

パスワードは流出する危険があり、パスワードだけに頼る認証は危険だということをお伝えしました。しかし、パスワードによる認証はいまも一般的に使われています。パスワードを使わない認証方法にすぐに切り替えることは難しいでしょう。なので、今後もパスワードに関する対策をしっかりと行うことが大切です。

その対策として、ここからは**パスワードの正しい作成方法**についてお伝えしていきます。まず、そもそもどんなパスワードを作れば安全なのかについて説明した後、そのパスワードを作るための方法についてお伝えします。

「推測されにくいパスワード」にするのが重要

それでは、どのようなパスワードを作ればいいのかについて見ていきましょう。

もしパスワードが簡単なものだったら、ハッカーにすぐに推測されてしまいます。安全性を高めるためには、推測されにくいパスワードを作る必要があります。

では、推測されにくいパスワードとはどんなものなのでしょう。それは、**長くて複雑なパスワード**です。

- 文字数をできるだけ長くする（12文字以上）
- 色々な文字（大文字・小文字、数字、記号）を組み合わせて複雑にするこの2つを意識することで、推測されにくいパスワードになります。

なぜこれが推測されにくいパスワードなのでしょうか。

その理由を説明するために、ハッカーがどうやってパスワードを推測しているのかをお伝えします。

ハッカーはさまざまな手口でパスワードを推測しますが、ここでは代表的な2つの手口を紹介します。

辞書攻撃（ディクショナリーアタック）

辞書攻撃は、パスワードによく使われる単語やフレーズを集めたリストをもとに、それらを次々と試していく方法です。「password」や「123456」といった簡単なパスワードはこの攻撃にとても弱く、すぐに特定されてしまいます。ハッカーは、こうした単語リストからあなたのパスワードを見つけ出そうとします。

総当たり攻撃（ブルートフォースアタック）

総当たり攻撃は、可能なすべてのパスワードの組み合わせを機械的に試していく方法です。たとえば、「0000」、「0001」、「0002」…といった感じで、すべてのパターンをチェックしていきます。そのため、短いパスワードほど簡単に特定されてしまいます。この方法は、どんなパスワードでもいずれ解読できる可能性があります。しかし、パスワードが長いほど時間がかかるため、特定するのは難しくなります。

攻撃手法

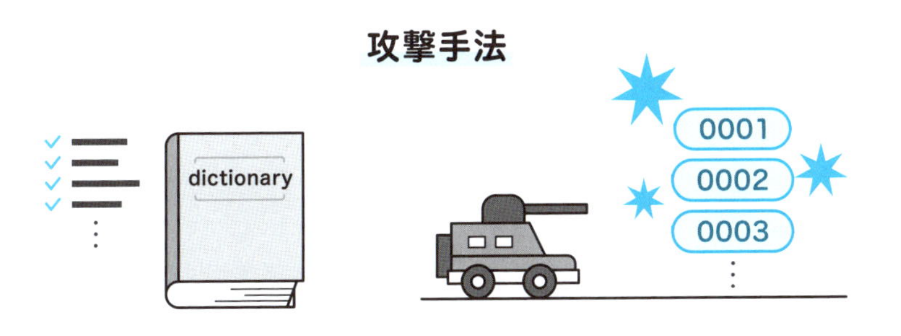

このようにして、ハッカーはパスワードを特定しています。「apple」や「orange」など、辞書に載っているような単語だけのパスワードはすぐに推測されてしまうので使用するのはやめましょう。また、数字だけのパスワードも組み合わせが限られており、すぐに特定されてしまうので危険です。

推測されにくいパスワードにしておくと、ハッカーが試さないといけない組み合わせが増えて、特定に必要な時間が飛躍的に長くなる。そうすると、ハッカーが途中で特定を諦めるかもしれないね。安全のためにも、長く複雑なパスワードにしよう!

Column パスワードが特定されるのにかかる時間

総当たり攻撃では、パスワードが長いほど特定に時間がかかるとお伝えしましたが、本当にそうなのでしょうか? パスワードの桁数が特定されるまでの時間にどれだけ影響を与えるか、実際に試してみました。

3つのパスワード付きzipファイルに対して、7桁、8桁、9桁のパスワードをそれぞれ設定しました。このパスワードを、総当たり攻撃ができるツールを使って解読してみました。すると、以下のような結果になりました(注)。

- 7桁のパスワード(1234567)→1秒未満で解読
- 8桁のパスワード(12345678)→約4秒で解読
- 9桁のパスワード(123456789)→約46秒で解読

解読時間は使用するパソコンのスペックに依存します。より高いスペックのパソコンを使用した場合、解読速度はさらに速くなる可能性があります。

推測されにくいパスワードの作成方法

ここからは「じゃあ具体的にどうやってパスワードを作ればいいの？」という疑問にお答えしていきます。

推測されにくいパスワードとして、「パスフレーズ」と「ランダムパスワード」という2種類のパスワードの作り方を紹介します。この2つのパスワードについて初めて聞く方も多いと思いますので、まずはどんなパスワードなのか説明した後、その作り方についてお伝えします。

「パスフレーズ」と「ランダムパスワード」とは

では、パスフレーズとランダムパスワードとはどんなパスワードなのか見ていきましょう。

パスフレーズとは、無関係な単語をいくつか組み合わせた長いパスワードです。推測されにくく、しかも覚えやすいという特徴があります。

ランダムパスワードとは、完全にランダムな文字列で構成されたパスワードです。意味や規則性がないため推測されにくい反面、覚えにくいという特徴があります。

「なぜ急に覚えやすさの話が出てくるの？」と思われるかもしれません。ここで覚えやすさについてふれているのは、「パスワード管理ツール」を使うときに関わってくる特徴だからです。パスワード管理ツールについては後ほどでくわしく説明しますが、簡単にいうと、みなさんが作ったパスワードを安全に管理するためのツールです。

このツールを使うと、サービスのログイン画面でパスワードが自動で入力されます。パスワードをメモする必要も、覚える必要もなくなるので、ランダムパスワードを楽に使うことができます。

ただし、ツール自体を使うために、1つだけパスワードを自分で管理する必要があります。安全面を考慮して、このパスワードは自分で覚えることをおすすめします。このときに、安全で覚えやすいパスワードとしてパスフレーズが適しています。

パスワードを安全に管理するのに、このツールはとてもおすすめです。なので、このツールと相性のいいこの2つのパスワードを紹介しています。

では、それぞれのパスワードの作り方について見ていきましょう。

パスフレーズの作り方

①４つ以上の無関係な単語を選ぶ

Computer、Park、Sun、Moneyなど

②数字や特殊文字を追加して強化する

先ほど選んだ単語を並べ、その前後や途中に数字や記号を追加する

Computer**#**ParkSunMoney**7**

これで、パスフレーズが完成します。

他の人にとっては推測しにくいけれど、自分には覚えやすいルールを決めて単語や数字を選ぶと、より強力で覚えやすいパスワードを設定できます。

▼ パスフレーズの例

- BlueSkyBrightSunset2024
- HackerKaz_StudiesHard10
- BirdMountainsSummer@Hat

ランダムパスワードの作り方

①大文字、小文字、数字、特殊文字をバランスよく含める

②12文字以上の長さを確保する

これで、ランダムパスワードが完成します。

「複数の文字の種類を使っているか」、「文字数が12文字以上になっているか」、この2つをよく確認しながら作ってください。

▼ ランダムパスワードの例

- G7$d!k%M9@l2
- Qv8@2Zj4#Tn!
- y7X#3L$z9Wv!

パスワードの強度を確認する

パスワードを作成しても、本当に安全なのか不安になる方もいるのではないでしょうか？ 実は、作成したパスワードの強度を簡単にチェックできるサイトがあります。ここでは、Bitwardenの「パスワード強度チェック」というサイトを使って、作ったパスワードの強度をチェックしてみましょう！

パスワードの強度をチェックする手順

①サイトを開く

パスワード強度チェックのページを開きます。

https://bitwarden.com/ja-jp/password-strength/

②記入欄にパスワードを入力する

強度を確認したいパスワードを入力欄に入力します。

③強度を確認する

入力すると自動的に、パスワードがハッカーに特定されるまでにかかる推定時間が表示されます。この時間が長ければ長いほど、パスワードの安全性が高いといえます(注)。

やってみよう

みなさんも以下の2つを実際にやってみてください。

①みなさんが普段使っているパスワードの強度を調べる
（やり方：60ページ）

②安全なパスワードを作成して、その強度を調べる
（作り方：58ページ）

(注) この時間はあくまで参考であり、長い時間が表示されたからといって絶対に安全というわけではありません。

2-3

パスワードの管理方法

パスワードは複雑で長いものが安全だとお伝えしました。しかし、私たちは日常的にさまざまなオンラインサービスを利用しています。「たくさんのサービスそれぞれ」に「複雑で長いパスワード」を設定しようとすると、パスワードを管理するのが非常に難しくなります。たくさんの、しかも複雑なパスワードをどうすれば安全に管理できるのか、悩んでいる方も多いのではないでしょうか。ここでは、その悩みを解決する方法をご紹介します。

まずは危険な管理方法について説明し、その後適切な管理方法についてお伝えします。

パスワードの使いまわしは危険！

「パスワードを複数のサービスで使いまわしてはいけない」という話を聞いたことがある方も多いのではないでしょうか。パスワードが漏れてしまうと、同じパスワードを使っている他のサービスにも不正アクセスされる危険があるのは、想像しやすいですよね。

では、ハッカーはどこからパスワード情報を得て、どうやって不正アクセスをしているのでしょうか？

実は、過去にデータ漏えい事件などで流出したIDやパスワード情報は公開されており、ハッカーはそのIDとパスワードの組み合わせをリストとして持っています。そして、それを使ってさまざまなサービスに一斉に不正アクセスを試みます。この手口を**リスト攻撃**といいます。たとえば、ネットショッピングのアカウントで使っていたパスワードが漏えいした場合、同じパスワードを使っていればSNSや銀行のアカウントなども危険にさらされます。管理が大変だからといって、パスワードを使いまわしてはいけません。

公開されているIDとパスワードを確認する方法

ハッカーは公開されているIDとパスワードを使ってリスト攻撃を行うとお伝えしました。

では、ハッカーは具体的に、どういったところから流出したIDとパスワードを入手しているのでしょうか？ さまざまなところで情報が公開されていますが、今回は「Intelligence X」というサイトを紹介します。

このサイトでは、過去のセキュリティ事故で流出したファイルを公開しています。調べたいメールアドレスを入力して検索することで、該当のメールアドレスが流出したファイルの中に含まれているかどうかを確認することができます。

このサイトはみなさんも見ることができます。もしかすると、流出したファイルの中に、みなさんのメールアドレスとパスワードが含まれているかもしれません。流出していないか、確認する方法をご紹介します。(注)

【Intelligence Xで自分の情報が流出していないか確認する手順】

①サイトを開く

Intelligence Xのページを開きます。

https://intelx.io/

このサービスには有料版と無料版があります。本書では無料版を使用して解説していますが、無料版では一部のデータに閲覧制限がかかる場合があります。そのため、手順通りに操作しても流出情報をすべて確認できない場合があります。

②自分のメールアドレスを入力して検索する

検索欄にメールアドレスを入力し、「Search」をクリックします。

③検索結果を確認する

- アドレスが流出していた場合、その情報が含まれるファイルが表示されます。

- 流出していなければ「No more results found.」と表示されます。

【流出していた場合、さらにくわしく確認する手順】

①ファイルを確認する

黒塗りされていないファイル名をクリックします。

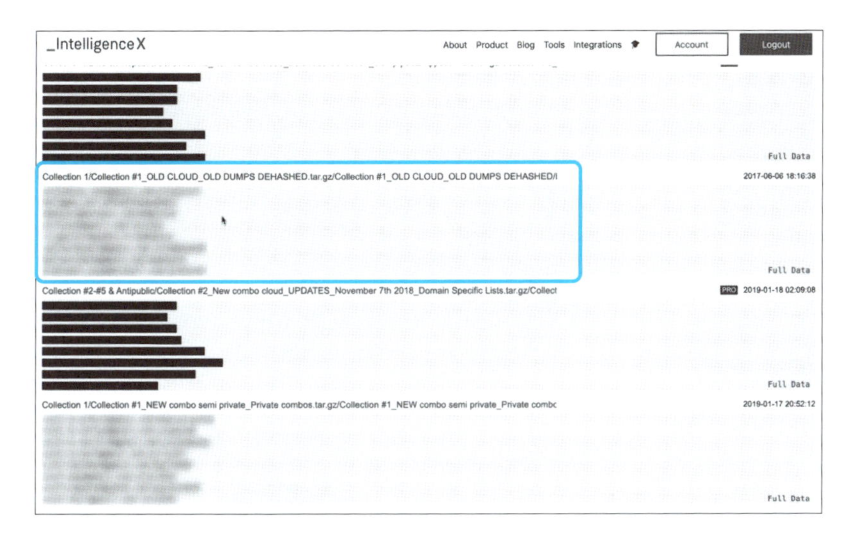

②「Search」の欄にメールアドレスを入力

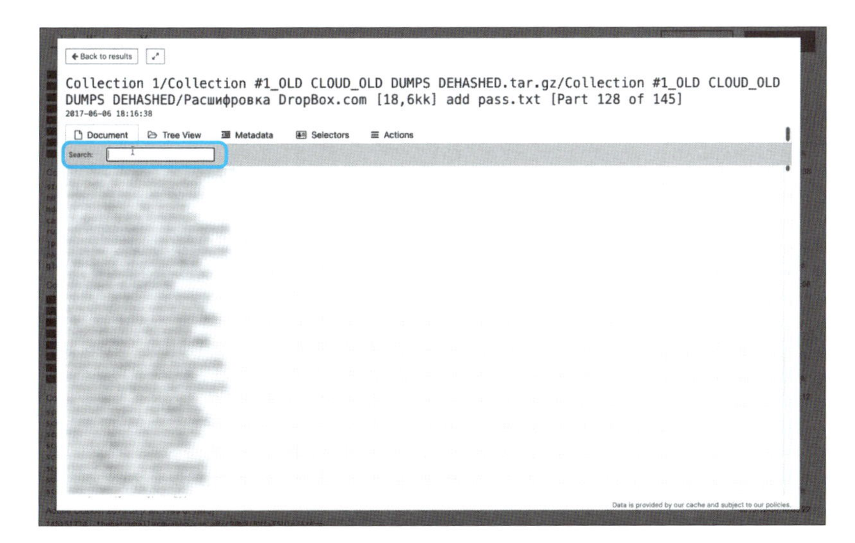

③検索結果を確認する

入力したメールアドレスとそれに対応するパスワードまで確認できます。

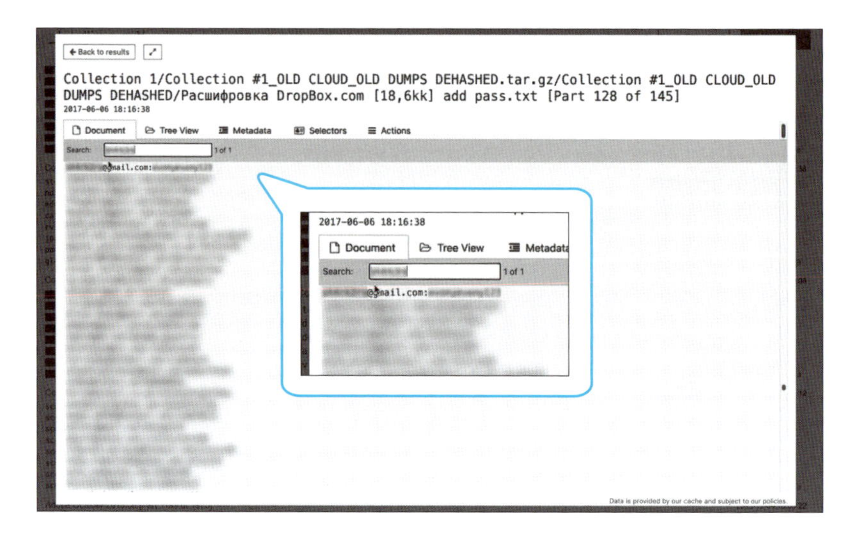

「Intelligence X」利用上の注意点

このサイトを使うにあたって、みなさんに注意していただきたいことがあります。このサイトでは、自分以外の人の個人情報が表示される場合があります。個人情報の取り扱いには十分な注意を払い、他人の情報を絶対に悪用しないようにしてください。

パスワードやIDが流出すると公開されて、いろいろな人に簡単に見られてしまう。ハッカーに見られてしまったらリスト攻撃を受けるかも。不正アクセスされる危険があるから、パスワードは使いまわさないようにしよう！

「パスワード管理ツール」を使って管理しよう

同じパスワードを複数のサービスで使いまわすことは危険であるとお伝えしました。しかし、長くて複雑なパスワードをいくつも管理するのが大変なのは、みなさんも想像がつきやすいと思います。

では、どうすればいいのでしょうか？ その答えの1つが、パスワード管理ツールを使うことです。

パスワード管理ツールとは、複数のパスワードを安全に管理するためのソフトウェアやアプリのことです。イメージとしては、パスワードを金庫の中に保管しておき、必要なときにその金庫を開けて取り出すといったものになります。この「金庫」を開けるための鍵（マスターパスワード）さえ覚えておけば、他のパスワードはすべてツールが安全に管理してくれるので、覚える必要もメモしておく必要もありません。複数のパスワードを管理できるので、使いまわしを防ぐこともできます。

（イメージ）
✔金庫内に各種パスワードを保管
✔金庫自体の鍵
＝ マスターパスワード

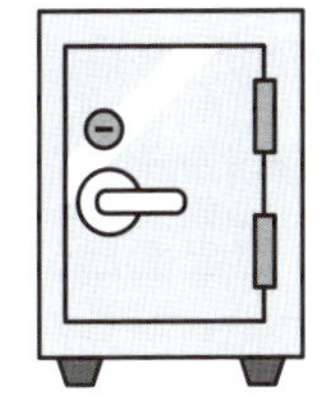

一般的なパスワード管理ツールの利用の流れ

では、パスワード管理ツールの使い方を紹介します。まずは大まかな利用の流れについてです。多くのパスワード管理ツールは図（次ページ）のような流れで利用することができます。

パスワード管理ツールを使う準備

①パスワード管理ツールのアカウント作成

▼

②パスワード管理ツールのアプリをインストール

▼

③ツールに各サービスのパスワードを記憶させる

パスワード管理ツールで各サービスにログインする

①各サービスのログイン画面にアクセスする

▼

②パスワード管理ツールを起動（マスターパスワードを使用）

▼

③各サービスのパスワードが自動入力される

セキュリティを強化するためにも、パスワードを管理するときはパスワード管理ツールの利用をおすすめします。マスターパスワードだけは自分で覚える必要があるので、前の項で紹介した「パスフレーズ」を使って作成するようにしましょう。その他のパスワードは覚える必要がないので、各サービスごとに長くて複雑な「ランダムパスワード」を設定しておけば安心です。

さらに、管理ツールを使うとき、マスターパスワードに加えて2段階認証を設定すれば、よりセキュリティが強化されます。ぜひ、あわせて設定してください。

「bitwarden」の使い方

パスワード管理ツールには、bitwarden、LastPass、1Password、DASHLANEなど、いくつかの種類があります。ここではbitwardenを例に、パスワード管理ツールの具体的な使い方を紹介します。手順が多いので「アカウント作成」、「アプリのインストール」、「ツールにパスワードを記憶させる」、「bitwardenでログイン情報を入力する」の4つに分けて紹介しています。

アカウント作成

①bitwardenのサイトにアクセスし、「ログイン」をクリック

https://bitwarden.com/ja-jp/

②「アカウントの作成」をクリック

ログイン

メールアドレス(必須)

メールアドレスを保存

続ける

または

Log in with passkey

初めてですか？ アカウントの作成

サーバー: bitwarden.com

© 2024 Bitwarden Inc.

2024.11.2

③メールアドレスと名前を入力して「続ける」をクリック

名前はイニシャルなどで構いません。

会社で規程がある場合はそれに従ってください。

④入力したメールアドレスに確認メールが届くので、メールソフトを立ち上げ、「Verify email」をクリック

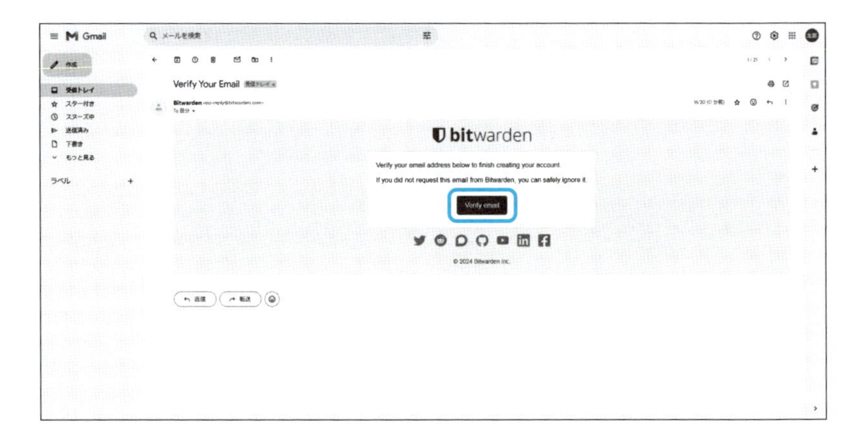

⑤bitwardenのサイトに戻り、マスターパスワードを設定して「アカウントの作成」をクリック

マスターパスワードはパスフレーズなどの覚えやすく安全なものを設定しましょう。

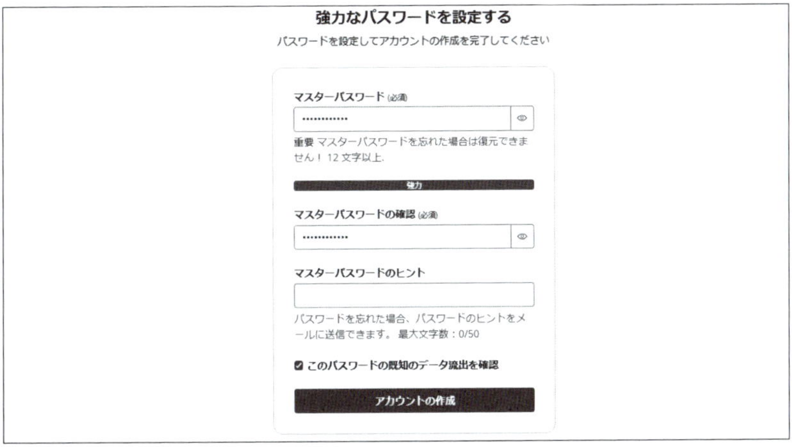

強力なパスワードを設定する
パスワードを設定してアカウントの作成を完了してください
マスターパスワード（必須）
重要 マスターパスワードを忘れた場合は復元できません！ 12 文字以上.
強力
マスターパスワードの確認（必須）
マスターパスワードのヒント
パスワードを忘れた場合、パスワードのヒントをメールに送信できます。 最大文字数：0/50
このパスワードの既知のデータ流出を確認
アカウントの作成

これでbitwardenのアカウントが作成されました。

アプリ（拡張機能）のインストール

①bitwardenにログインする

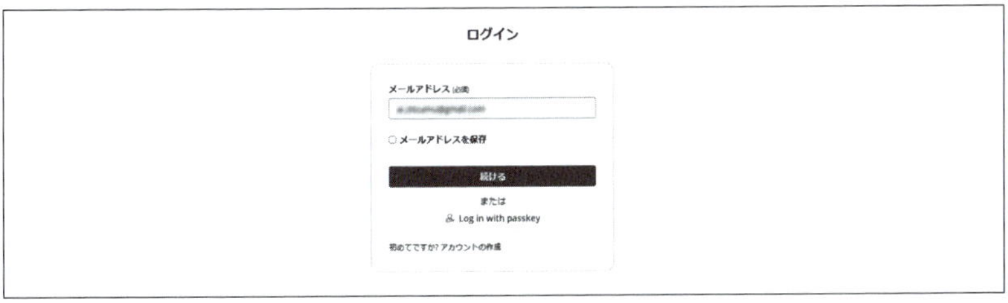

ログイン
メールアドレス（必須）
メールアドレスを保存
続ける
または
Log in with passkey
初めてですか？ アカウントの作成

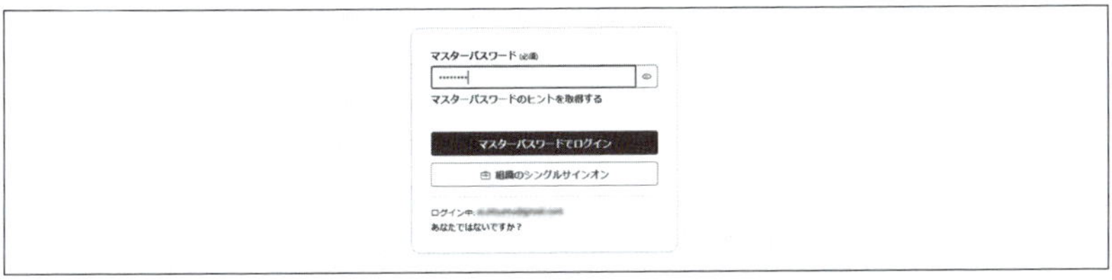

マスターパスワード（必須）
マスターパスワードのヒントを取得する
マスターパスワードでログイン
組織のシングルサインオン
ログイン中
あなたではないですか？

②「ブラウザの拡張機能をインストール」をクリック

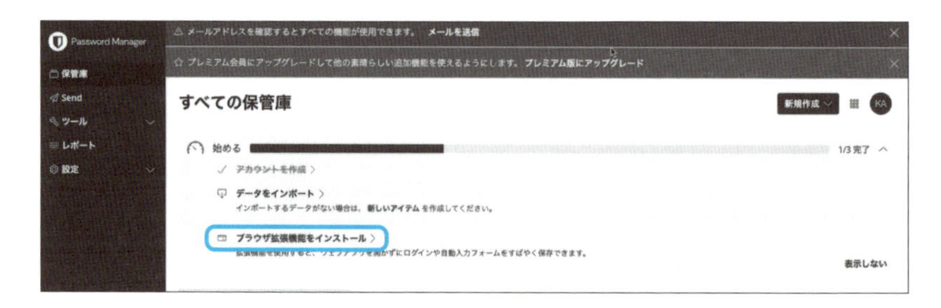

③「Chromeに追加」をクリック

※本書ではGoogle Chromeを使用しています。ご使用のブラウザによって表示が変わります。

④「拡張機能を追加」をクリック

これでアプリ（拡張機能）がインストールされました。

各サービスのパスワードを記憶させる

①各サービスのログイン画面を開く

記憶させたいサービスのログイン画面を開きます。今回はGoogleアカウントのパスワードを記憶させます。

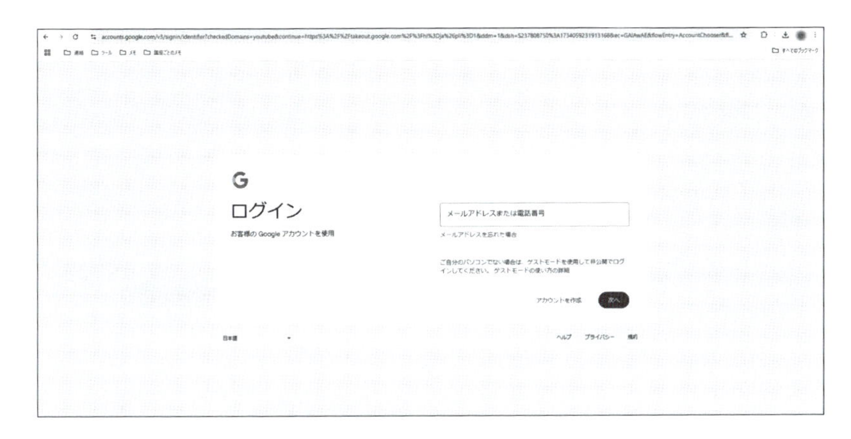

②bitwardenの拡張機能を立ち上げる

❶の拡張機能ボタンをクリックした後、❷のbitwardenのアイコンをクリックして拡張機能を立ち上げます。

立ち上げ直後に bitwarden に登録したメールアドレスとマスターパスワードの入力を求められることがあります。

③「ログイン情報を追加」をクリック

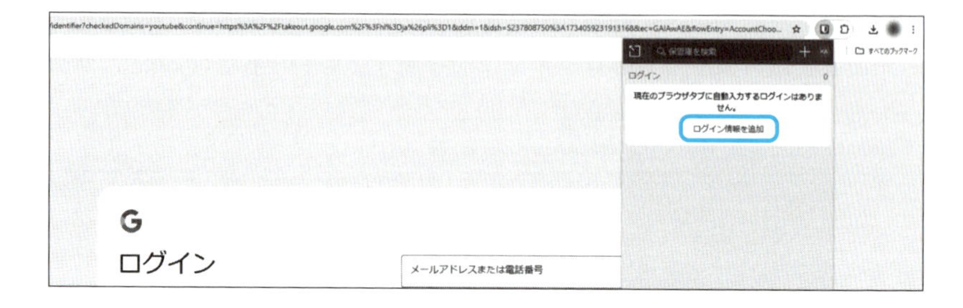

④記憶させたいIDとパスワードを入力

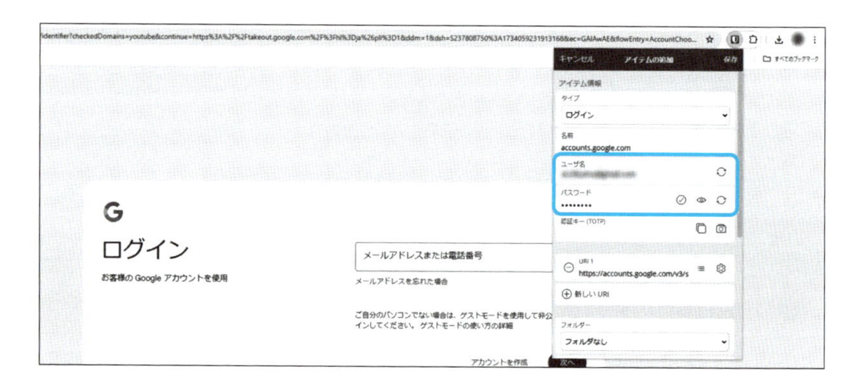

⑤「保存」をクリック

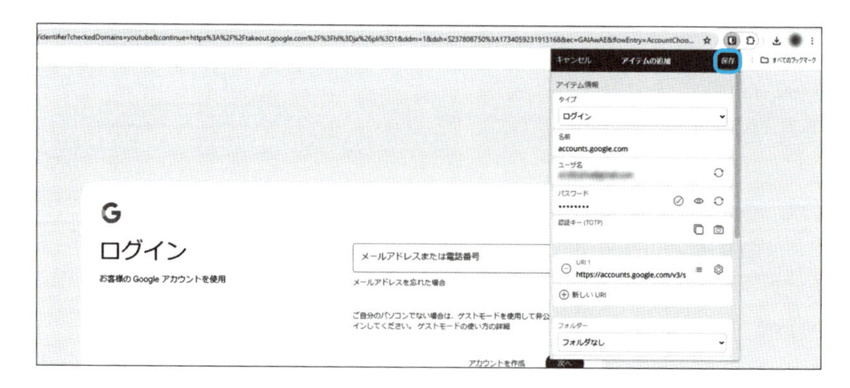

これでbitwardenにパスワードが記憶されました。

bitwardenでログイン情報を入力する

①ログイン画面を開く

パスワードを記憶したサービスのログイン画面を開きます。

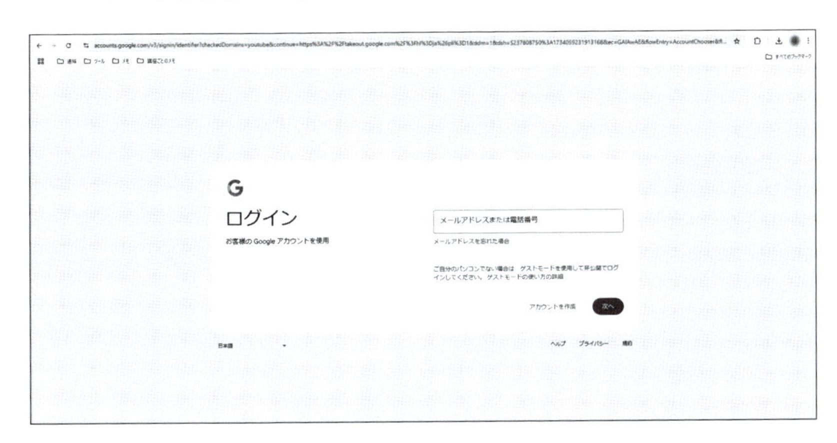

②bitwardenの拡張機能を立ち上げる

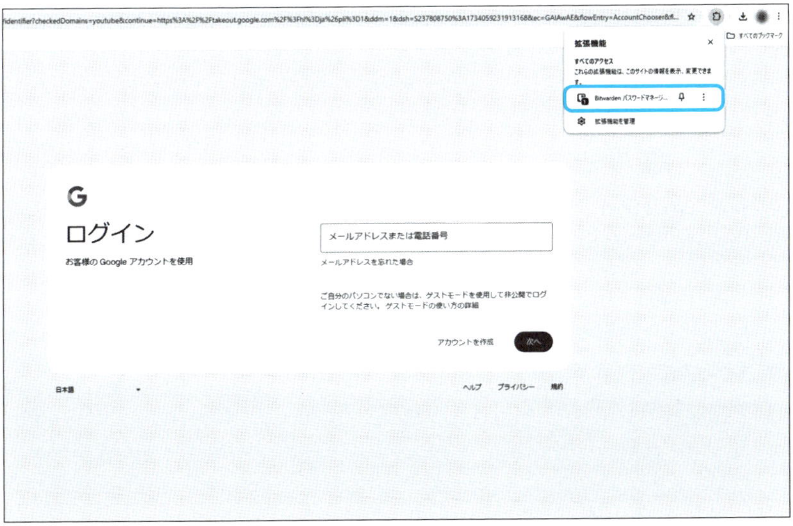

③ログインしたいサイト名をクリック

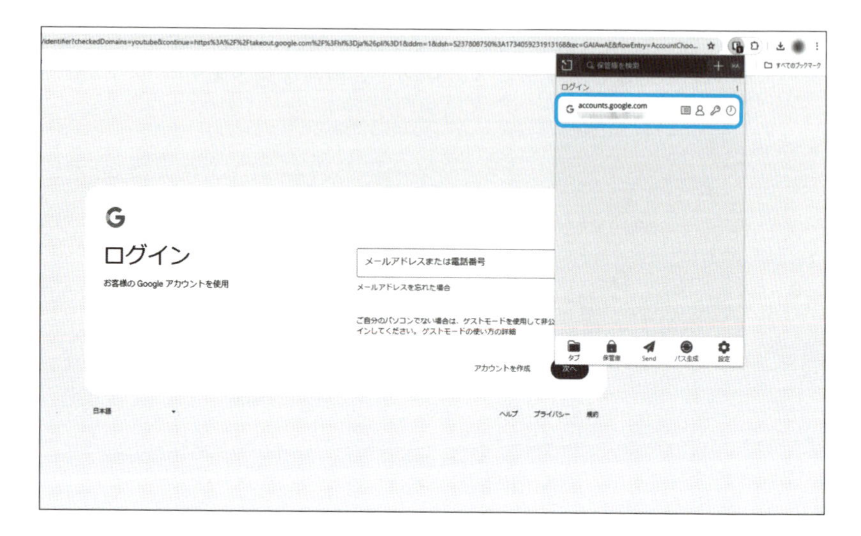

④自動でログイン情報が入力される

Column 「パスワード管理ツール」以外の管理方法

パスワードの管理にはパスワード管理ツールを使用することをおすすめしました。でも、他にも安全な管理方法がないのかと、気になる方がいるかもしれません。「この管理方法でも大丈夫ですか？」と筆者もよく質問を受けます。パスワードの管理方法について、よく聞かれる質問を2つご紹介します。

1つ目は、「紙に書いて保管してもいいのか」というものです。答えとしては「紙に書いてもいい。ただし、金庫などの第三者の目にふれない安全な場所に保管すること」となります。

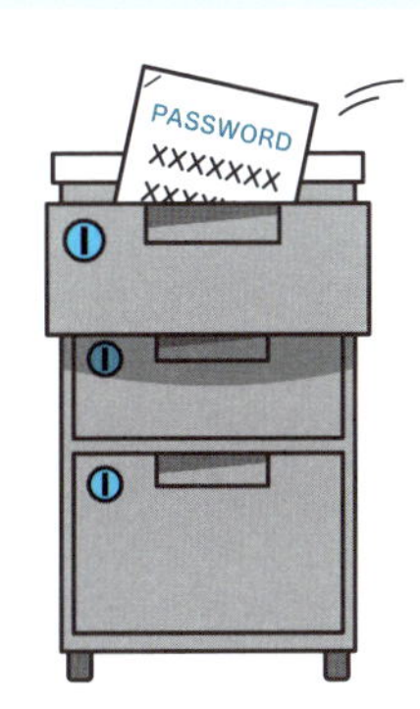

パスワードを紙に書いた後、オフィスのパソコンのディスプレイに貼ったりすると、清掃業者や来客に見られてしまう可能性があります。見られてしまえば、そのパスワードを使って不正アクセスされる危険があります。紙に書く場合は、人の目につきやすい場所ではなく、鍵付きの引き出しや金庫など鍵のかかる場所に保管しましょう。

2つ目は、「ブラウザのパスワード保存機能を使ってもいいのか」というものです。答えとしては、「パスワード入力時に追加の認証を設定できる場合は使ってもいい」となります。

たとえば、ブラウザにパスワードを保存しただけの状態でパソコン本体を盗られてしまった場合、ブラウザを立ち上げるだけでパスワードをそのまま使われてしまいます。ブラウザにパスワードを保存する場合は2段階認証を設定し、保存したパスワードの入力に加えて、別の方法での認証をしないとログインできないようにしましょう。

やってみよう

みなさんも以下の2つを実際にやってみてください。

①自分のログイン情報が漏えいしていないか確認する
(やり方：63ページ)

②「bitwarden」を使って自分がよく使っているサービスにログインする
(やり方：68ページ)

第3章

ソフトウェア更新・メール セキュリティ・フィッシング対策

この章では、日常的に使う「ソフトウェア」と「メール」に潜むセキュリティリスクを具体的に示し、それを防ぐための方法をお伝えします。

「ソフトウェア」というとさまざまなものがありますが、この章でいうソフトウェアとは「パソコンやスマートフォンなどのデバイスに入っているすべてのソフトウェア」を指します。たとえば、Windowsやmacなどのパソコンを操作するために必要なOS（オペレーティングシステム）、iOSやAndroidなどのスマートフォンのOS、ExcelやWordなどのOfficeソフト、スマートフォンのアプリケーション、その他自分でインストールしたものも含みます。

こういったソフトウェアを使っていると、「更新してください」といったメッセージを目にすることがあると思います。この「更新」、なぜしないといけないのでしょうか？ この項では、ソフトウェアの更新をしないといけない理由と、もししなかったらどうなるのかについて説明します。

次に、「メール」についてです。仕事をしていると、ほぼ毎日メールを使うという方も多いでしょう。日常的に使用するメールですが、ここにもセキュリティリスクが潜んでいます。

仕事のメールには、取引先との契約内容やお客様の名前や住所といった個人情報など、機密情報が多く書かれています。宛先を間違えて送ってしまえば、重大な情報漏えいにつながってしまうのは想像がつくと思います。しかし、宛先を間違えること以外にも、気をつけていないと情報漏えいにつながるケースがあります。

なにに気をつけて、どういった対策をとればいいのか。メールに関するセキュリティとして、「メールのセキュリティ」と「フィッシング対策の基本」についてお伝えします。

3-1

ソフトウェア更新の重要性

ソフトウェアの更新(ソフトウェアのアップデート)というと「時間がかかってしまってめんどうくさい」と感じる方も多いかもしれません。更新すると不具合が出ることもあるので、どのタイミングでやればいいのかと困った経験がある方もいるでしょう。

実はこの更新、面倒だからと後回しにしているとパソコンを使うときのリスクが大きくなります。更新しないとどうなるのか、いつ更新すればいいのかについて、順にお伝えします。

ソフトウェア更新のセキュリティ上の要は「脆弱性(ぜいじゃくせい)の修正」

そもそもソフトウェアの更新とは、簡単にいうと「ソフトウェアに対して改善や修正を加えること」です。わかりやすいところでいうと、新機能が追加されたり、不具合が修正されたりすることです。

これ以外にも、ソフトウェアを更新することでセキュリティ上重要なことが行われます。

それが、「脆弱性(ぜいじゃくせい)」(セキュリティホール)の修正です。脆弱性とは、セキュリティ上の問題のことです。ソフトウェアを更新するとセキュリティパッチというプログラムが適用され、脆弱性が修正されます。

セキュリティパッチとは、脆弱性を修正するためのプログラムのこと。イメージとしては、セキュリティの穴(脆弱性)を塞ぐための修理パーツのようなものだよ。

更新しないとハッカーの標的になるリスク大

更新をすることで脆弱性が修正されるということは、逆にいえば更新をしない限り脆弱性はそのままになってしまいます。そして、脆弱性のあるソフトウェアは、簡単に不正アクセスできてしまいます。そのため、更新していないソフトウェアがあると、ハッカーから狙われやすくなります。

ハッカーに狙われないためにも、更新をする必要があります。

不正アクセスにより被害を受けるまでの流れの例

では、ハッカーは具体的にどうやって不正アクセスしてくるのでしょうか？

ハッカーからの攻撃により被害が出るまでの流れの例を紹介します。

更新していないブラウザを使ってインターネット検索をしていたとします。そこでアクセスしたサイトがハッカーが作成した不正なサイトだった場合、アクセスしただけで脆弱性が悪用されます。脆弱性が悪用されると、ブラウザだけでなくパソコン自体の制御もハッカーに乗っ取られてしまいます。そうなると、ハッカーに遠隔からパソコンを操作され、パソコン内のファイルを勝手に見られたりデータを改ざんされたりします。

サイトにアクセスしただけでこのような被害が出る可能性があります。

パソコンを乗っ取られるまでの流れ

ハッカーが用意したサイトにアクセスするだけで、
PCが乗っ取られる！

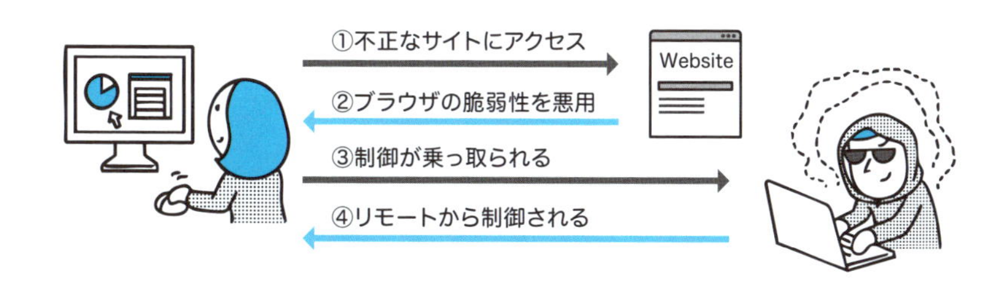

すべてのソフトウェアを更新して脆弱性を残さない

先ほどの例を見て「ブラウザ以外にも更新していなかったソフトウェアがあったのでは？」と思った方がいるかもしれません。でも実は、ブラウザ以外のすべてのソフトウェアを更新していたとしても、ブラウザ自体に脆弱性があればそこから攻撃されてパソコンを乗っ取られてしまいます。

例ではブラウザを取り上げましたが、ソフトウェアの種類に関わらず、更新をしていないソフトウェアが1つあるだけでパソコン自体の制御を乗っ取られるリスクがあります。**すべてのソフトウェアをきちんと更新する**ようにしましょう。

ソフトウェアの更新は「すぐに」行う

最後に、ソフトウェアを更新するタイミングについてお伝えします。こういった被害に遭うリスクを減らすためにも、**ソフトウェアは更新できるようになったらすぐに更新する**ようにしましょう。パソコンを購入したときから入っているソフトウェアも、自分でインストールしたソフトウェアもすべて、常に最新版を利用するようにしてください。

また、自動アップデート機能があるソフトウェアはこれを有効にしておくと安心です。有効にすることで、更新が可能になった時点で自動的に更新を開始してくれるので便利です。

Windowsの自動アップデートが設定されているか確認する

自動アップデートを設定できるソフトウェアの1つにWindowsがあります。ここでは、Windows Updateを使用して、Windowsだけでなく Microsoft製品すべてに自動アップデートが設定されているか確認する方法を見てみましょう。

①スタートボタンをクリック

②「設定」を検索

③「設定」をクリック

④「Windows Update」をクリック

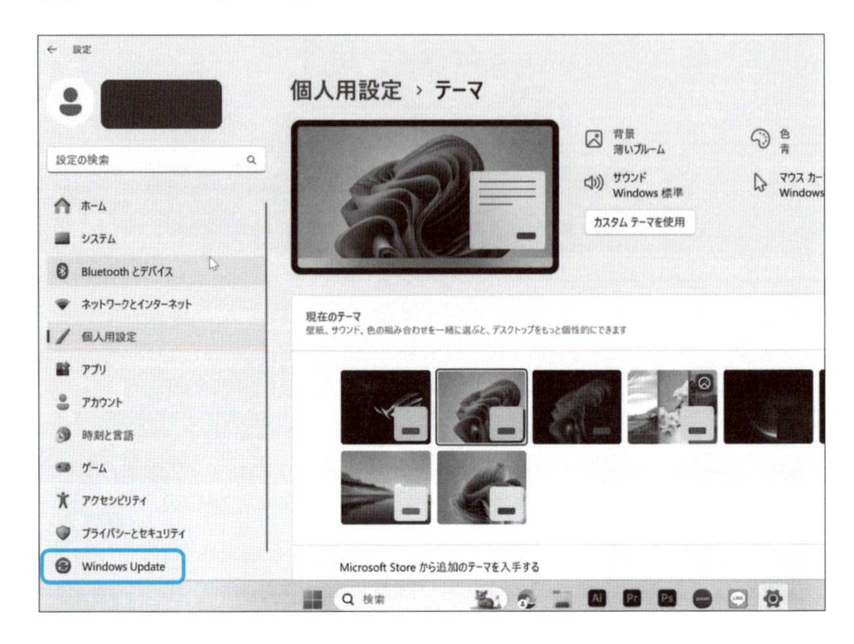

⑤「詳細オプション」をクリック

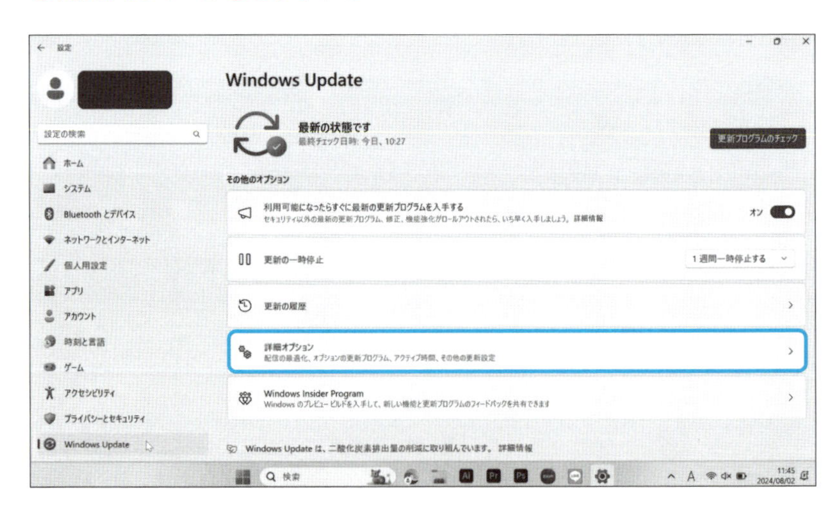

⑥「その他のMicrosoft製品の更新プログラムを受け取る」の項目を確認

この項目がオフになっている場合は、自動アップデートが設定されていません。

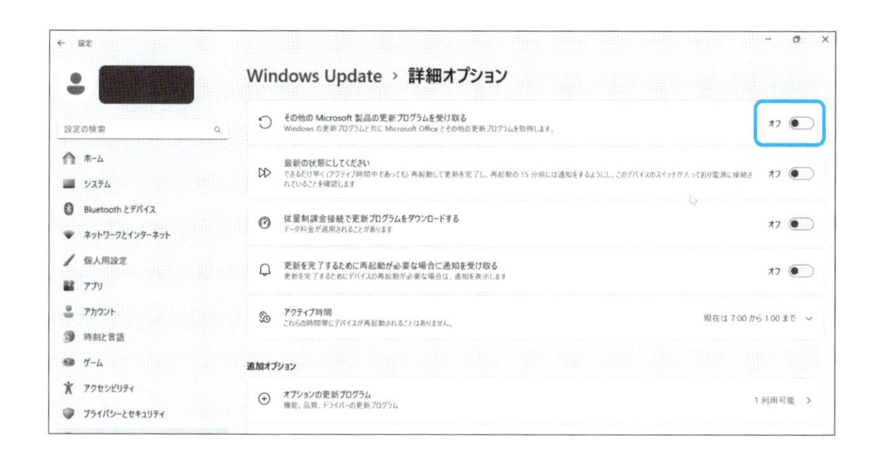

オフになっている場合はオンに切り替え、自動アップデートを設定しましょう。

これで、Windowsだけでなく、Officeソフトなどの他のMicrosoft製品も自動的に更新されます。更新し忘れることがなく、ハッカーに攻撃されるリスクを低くすることができるので、自動アップデートが設定されているか確認してみてください。

業務で使用しているソフトウェアによっては、更新することで動作に影響が出ることも。会社のセキュリティポリシーに更新のタイミングが決められていることもあるから、ポリシーをよく確認して指示があったタイミングで更新を行うようにしよう！

3-2

メールのセキュリティ

ここからは、話題を変えて「メール」について見ていきます。

仕事をしているとメールを毎日使うという方も多いのではないでしょうか。

毎日使っている中で、メールを誤送信しそうになったことはありませんか？ また、CcとBccの違いをよく知らないまま使ってしまっていませんか？

気をつけていてもうっかり間違えてしまうことはありますし、メールに関するルールを知らないことで思わぬ情報漏えいにつながってしまうこともあります。

ここでは、メールからの情報漏えいを防ぐために知っておくべきことと、やっておくべき対策について見ていきましょう。

メールの送信前に必ずチェックするべき３つの項目

まず、メールからの情報漏えいを防ぐために、メールを送信する前に次の「送信前のチェック項目」を確認するようにしましょう。あたり前のように感じるかもしれませんが、送信前にしっかりチェックすることで、大きなトラブルを未然に防ぐことができます。日ごろ、これらをきちんと確認できているか、あらためて振り返ってみてください。

▼ 送信前のチェック項目

①宛先	別の人に送ろうとしていないか／Bccにしなくて大丈夫か
②件名、本文	件名と本文が別の内容になっていないか／貼り付けてはいけないところまでコピーしてしまっていないか
③ファイル	別のファイルを送ろうとしていないか／クラウドストレージのURLが間違っていないか／クラウドストレージのアクセス権限設定が間違っていないか

「件名、本文」に関してはわかりやすい内容かと思いますが、「宛先」と「ファイル」についてはピンとこない方もいるかもしれません。知っておいてほしい知識もあるので、この2つについて、さらにくわしくお伝えします。

宛先を正しく使い分けて情報漏えいを防ぐ

メールの宛先を記入するとき、宛先（To）の他に「Cc」、「Bcc」にもメールアドレスを設定できます。この3つの違いを知らないままメールを使っていると、思わぬ情報漏えいにつながることがあります。情報漏えいを防ぐために、それぞれの特徴をしっかり把握しておきましょう。

● To（宛先）

まず、To（宛先）は、メールを直接送りたい人に対して使用します。メールの主な受信者となる相手で、返答やアクションを期待する相手がここに入ります。

● Cc（シーシー）（Carbon Copyの略）

次に、Ccです。これは、メールを参考のために送りたい人に使います。たとえば、会話の内容を知っておいてほしいけれど、返答は求めない相手に送信する場合に使います。ただし、ここに設定したメールアドレスは他の受信者からも見える形で送信されます。

● Bcc（ビーシーシー）（Blind Carbon Copyの略）

最後に、Bccです。こちらも、Ccと同じく参考のために送りたい人に使いますが、ここに設定したメールアドレスは他の受信者からは見えない形で送信されます。

たとえば、企業が複数のお客様に向けて一斉にメールを送信する場合は、お客様のメールアドレスはBccに入れるようにしましょう。ToやCcにメールアドレスを入れると、全員のアドレスが他の受信者に見えてしまいます。メールアドレスも個人情報ですので、見えてしまうと情報漏えいになってしまいます。

思わぬ情報漏えいをさけるためにも、宛先に書かれたメールアドレスが正しいかだけじゃなく、宛先の使い分けが正しいかまで確認するようにしよう！

クラウドストレージを使って安全にファイルを送る

次に、ファイルについてです。メールを使ってファイルを共有するときは、クラウドストレージを利用するようにしましょう。ファイルをメールに直接添付するのではなく、クラウドストレージにアップロードしたうえでそのダウンロードリンクのみを相手に送ることで共有します。

クラウドストレージには、Googleドライブ、Dropbox、OneDriveなどさまざまな種類があります。これらの多くは、次のような流れで利用できます。

クラウドストレージを使ってファイルを共有する流れ

クラウドストレージにファイルをアップロード

①クラウドストレージのアカウント作成
▼
②ストレージ内にフォルダを作成
▼
③フォルダのアクセス権を設定
▼
④フォルダ内にファイルをアップロード

メールでファイルのURLを共有する

①ファイルダウンロード用のURLを取得
▼
②メールにURLを記載して送信

メールにはリンクだけを記載するので、万一誤送信した場合でも、アクセス権限がない相手はファイルを見ることができません。安全にファイルを共有することができるので、ファイルを送る場合はクラウドストレージを利用するようにしましょう。

Googleドライブを使ってファイルを共有する流れ

ここでは、クラウドストレージの一例としてGoogleドライブを使ったファイル共有の手順を説明します。

共有するフォルダを作成する

①Googleドライブにログイン

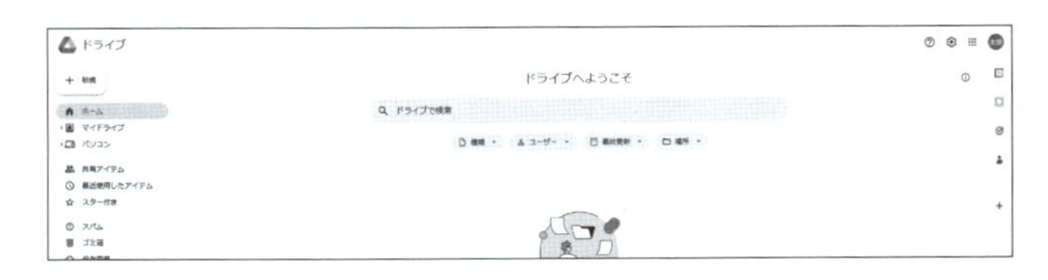

②「マイドライブ」をクリック

③画面上で右クリックし、「新しいフォルダ」をクリック

④フォルダ名を設定し、「作成」をクリック

フォルダのアクセス権を設定する

①フォルダのメニュー（⋮）をクリックし、「共有」をクリック

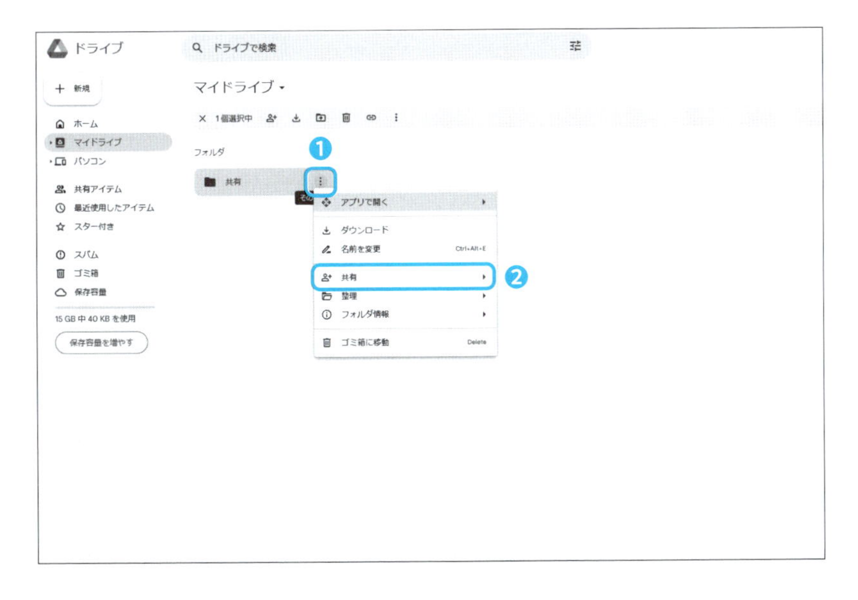

②「共有」をクリック

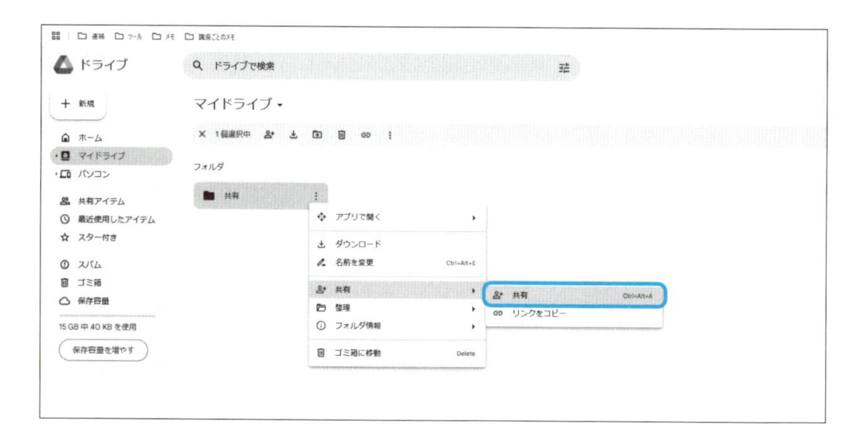

③共有したい相手のメールアドレスを入力

④閲覧、編集の権限を設定

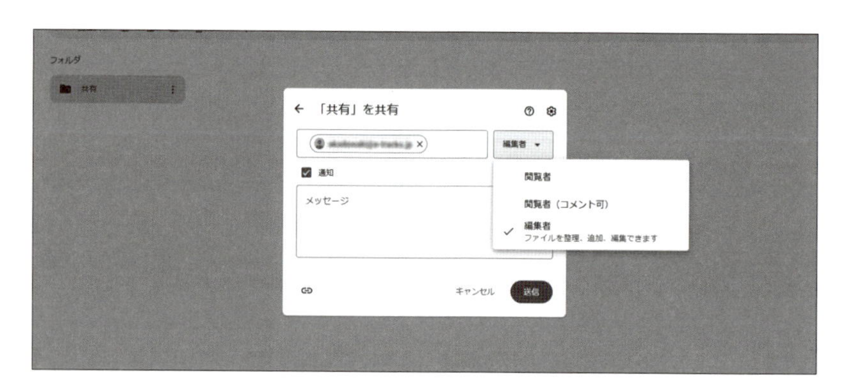

⑤「送信」をクリック

ファイルをアップロードする

①作成したフォルダをダブルクリックする

②共有したいファイルをドラッグ＆ドロップする

メールでURLを共有する

①ファイルのメニュー（⋮）をクリックし、「共有」をクリック

②「リンクをコピー」をクリック

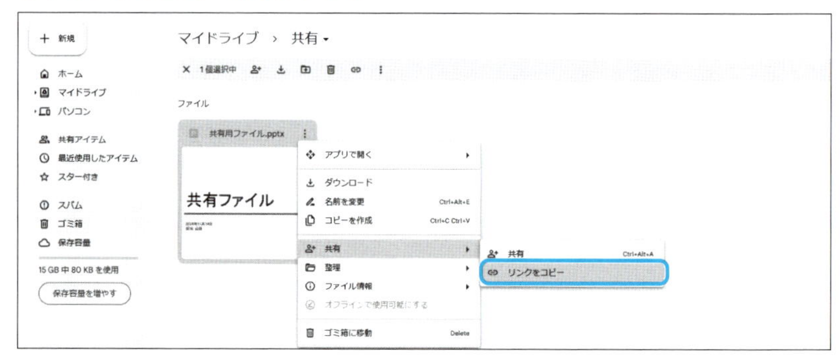

③メールソフトに移動し、本文に貼り付ける

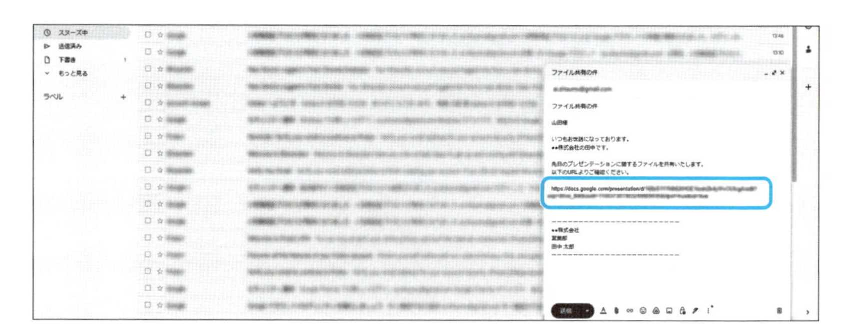

これで、Googleドライブを使ってファイルを安全に共有できます。

クラウドストレージを使う際の注意点は第7章でくわしく説明しているよ。使う前に確認しておこう。

Column 添付ファイルを送る場合は多くの点で注意が必要

ファイルを送るとき、暗号化(注)したファイルをメールに添付し、ファイルを元に戻すためのパスワードを別のメールで送っている方もいるかもしれません。

メールにファイルを添付する場合、安全に送るためには注意すべき点がたくさんあります。そのため、クラウドストレージによるファイル共有をおすすめしますが、どうしても添付ファイルを使う場合は、以下の3点に注意してください。

①ファイルを暗号化する

ファイルを暗号化することで、誤送信してもファイルを元に戻すためのパスワードがなければ開くことができず、情報漏えいを防止できます。

②パスワードはメール以外の方法で送る

ハッカーはメールの中をのぞき見できる場合があります。もしも第三者の手に渡っても問題ないようにファイルを暗号化するわけですが、パスワードも同じ経路（メール）で送ってしまっては意味がありません。パスワードは事前に取り決めておくか、電話などの別の安全な通信手段で共有しましょう。

暗号化とは、ファイルなどのデータを別の形式に変換し、第三者が簡単にデータの内容を読み取れない状態にすることです。例として、パスワードを入力しないと開けないZIPファイルなどがあります。

③パスワードは16文字以上にする

ファイルを元に戻すためのパスワードが短いと、総当たり攻撃で簡単に解読される可能性があります。

オンラインサービスのパスワードを特定するときはオンラインクラック（インターネットを介してログインできるかパスワードを試すこと）を行うため時間がかかります。しかし、ファイルはハッカーの手元にあるためオフラインクラック（インターネットを介さず直接パスワードを試すこと）をすることができ、オンラインサービスのパスワードより速く特定されてしまいます。

簡単に解読されないために、ファイルのパスワードは16文字以上で設定するのが望ましいです。

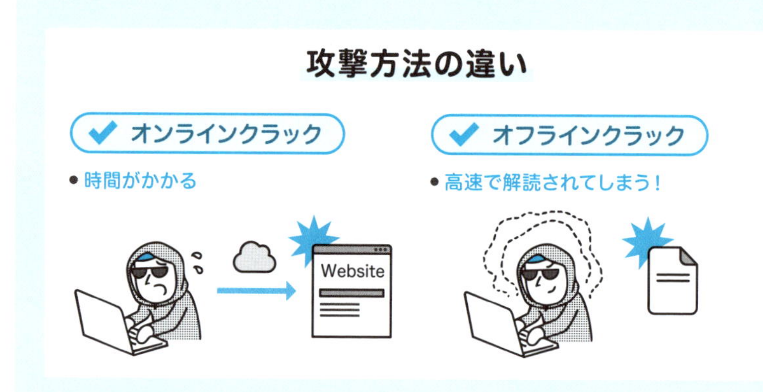

メールの送信取り消し機能を設定する

最後に、メールの誤送信を防ぐために設定しておくべき機能について紹介します。

みなさんはメールを送信した直後に「あ！ 違う人に送ってしまった！」と焦った経験はありませんか？ この機能はそういったときにとても役立つものです。

メールの誤送信を防ぐために、メールソフトには「送信取り消し機能」がついている場合があります。この機能を使えば、誤送信に気づいた場合でも、一定時間内であれば相手にメールが届く前に取り消すことができるため、情報漏えいのリスクを減らすことができます。

ここではGmailを例に、送信取り消し機能の設定方法を紹介します。

Gmailの送信取り消し機能を有効にする方法

以下の手順で、Gmailの送信取り消し機能を設定することができます。

①Gmailにログイン

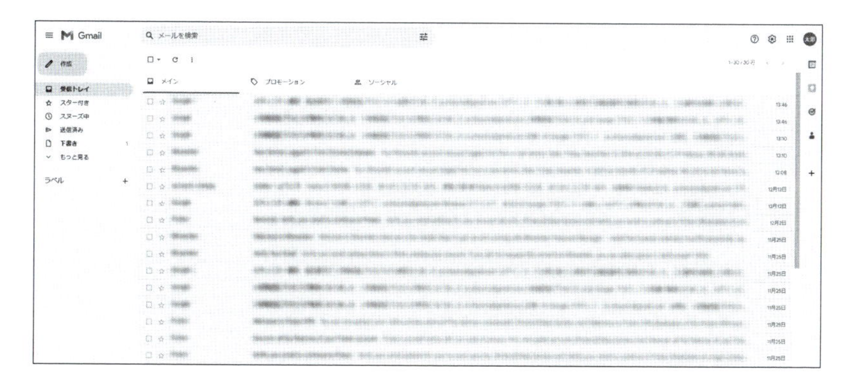

②歯車アイコンをクリックし、「すべての設定を表示」をクリック

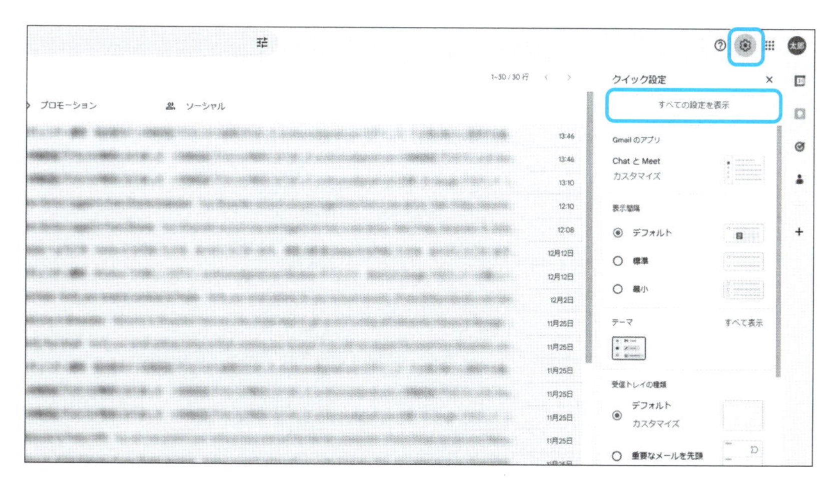

③「送信取り消し」の「取り消せる時間」を「5秒」から「30秒」に変更

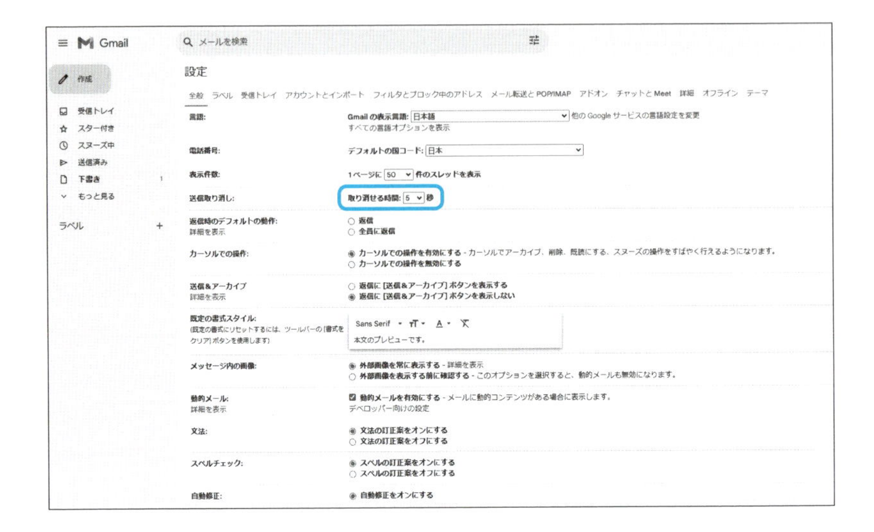

④スクロールして「変更を保存」ボタンをクリック

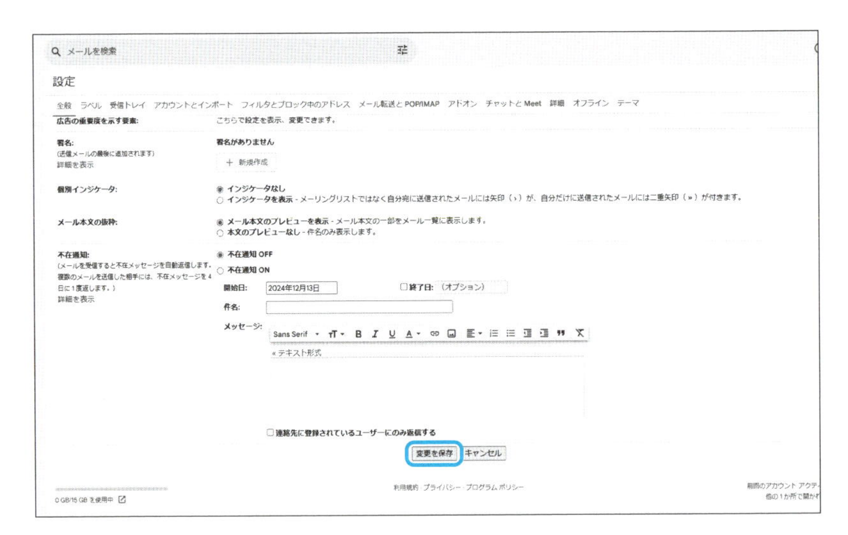

これで、Gmailで誤送信したとき、30秒以内であれば取り消すことができるようになりました。

Gmailでメールの送信を取り消す方法

実際にメールを誤送信してしまった場合、次の手順で送信を取り消すことができます。

メール送信後、すぐに画面の下部に表示される「元に戻す」ボタンをクリックします。

これで、メールの送信が取り消され、送信前の状態に戻すことができます。

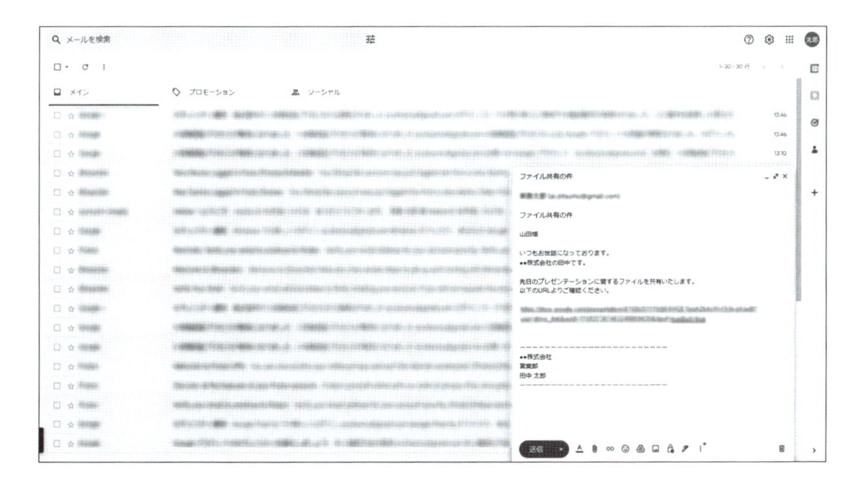

送信取り消し機能を設定しておくと、誤送信のリスクをかなり減らせるね。転ばぬ先の杖になるように、送信取り消し機能を設定しておこう！

やってみよう

みなさんも、Gmailで送信を取り消せる時間を30秒に設定しておきましょう。
（やり方：97ページ）

3-3

フィッシング対策の基礎

ここまで、自分が送るメールに対する注意点を見てきましたが、受け取ったメールに対しても気をつけるべきことがあります。

みなさんが受信するメールには、ウェブサイトに誘導するリンクが書かれているものも多いですよね。しかし、その中にハッカーがあなたを騙すために仕掛けたリンクが紛れている可能性があります。

そのようなリンクを含むメールを使った詐欺のことを「フィッシング詐欺」といいます。どういった手口なのか、そしてその詐欺メールによる被害に遭わないためにはどう対策すればいいのかお伝えします。

フィッシング詐欺(注)は、最近発生件数がとても増えている詐欺。
みなさんのところにいつ詐欺メールが届いてもおかしくない状況だから、被害に遭わないためにもしっかり学んでおこう!

フィッシング詐欺とは？

まず、そもそもフィッシング詐欺とはどのような詐欺なのかについて説明します。

どれくらい発生しているかなどの最新情報は以下で確認できます。
https://www.antiphishing.jp/report/monthly/

フィッシング詐欺とは、ハッカーが有名な企業・団体になりすましてメールを送り、そのメール内にあるリンクをクリックさせて偽サイトに誘導し、そのサイトに入力された個人情報を盗む詐欺のことです。

フィッシング詐欺のイメージ

「フィッシング」(Phishing)という名前は、「fishing」(釣り)からきている。魚釣りみたいなものなんだ。
俺が用意したエサ(偽のメール)をたらしておくだけで、向こうから食いついてきてくれる。食いついてきたら、その人から情報を釣り上げるのさ。

フィッシング詐欺が引き起こす主な被害

では、フィッシング詐欺に遭うとどのような被害が出るのでしょうか。代表的な例を紹介します。

個人情報が盗まれる

フィッシング詐欺によって、次のような個人情報が盗まれる可能性があります。

- 氏名、住所、電話番号、生年月日
- ID、パスワード
- クレジットカード情報
- 社会保障番号、パスポート番号
- 従業員の個人情報など

クレジットカードが悪用される

クレジットカード情報が盗まれることで、勝手にカードを使われてしまい、身に覚えのない高額な請求が届く可能性があります。会社のクレジットカード情報が盗まれれば、会社の資金が不正に使われてしまいます。

アカウントが乗っ取られる

IDとパスワードが盗まれることで、アカウントが乗っ取られてしまいます。たとえば会社のメールアカウントが乗っ取られてしまった場合だと、メールに含まれている契約情報やお客様の個人情報といった機密情報を見られてしまい、情報漏えいにつながります。

フィッシング詐欺の手口を知る

フィッシング詐欺がどのような詐欺なのかわかったところで、次は具体的な手口について説明します。どのような手口が使われるかを知っておけば、似たような詐欺メールを見たときに気づくことができ、被害を防ぐためにも役立ちます。

ここでは、具体例をまじえて代表的な3つの手口を紹介します。

1：緊急性を強調する手口

まず、Amazonになりすましたメールを紹介します(図1)。ここでは件名に「最終警告」や「緊急のご連絡」といった言葉が使われています。こういった言葉があると驚いてしまいますよね。さらに、「24時間以内に対応しないとアカウントが停止される」といった時間制限を設けることで、読んだ人を焦らせます。こうやって驚かせたり焦らせたりすることで冷静な判断ができないようにし、メール内にあるリンクから偽サイトへ誘導します。

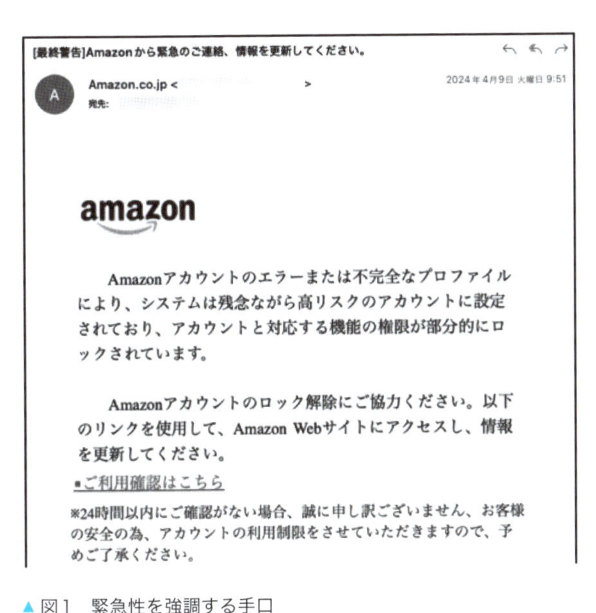

▲図1　緊急性を強調する手口

2：恐怖をあおる手口

次に、e-Taxになりすましたメールを紹介します（図2）。件名に「未払い税金のお知らせ」といった言葉が使われています。税金というと身近なものなので、心当たりがある人も多く、信じやすくなってしまいます。さらに、「期限内に対応しないと法的措置を取る」といった脅迫のような言葉も使います。訴えられたらどうしよう、と不安に思う心理を利用して、偽サイトに誘導します。

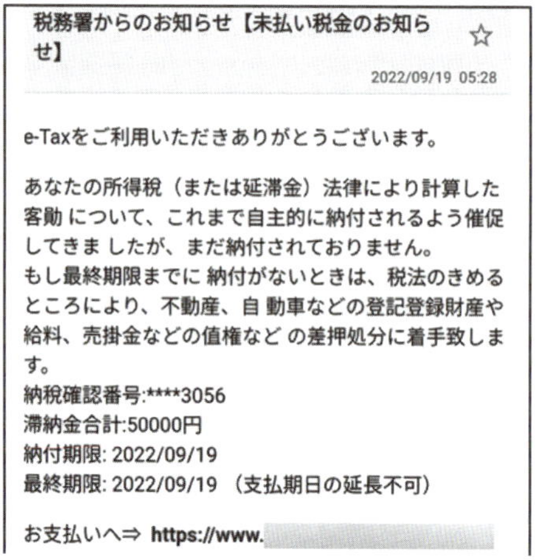

税務署からのお知らせ【未払い税金のお知らせ】
2022/09/19 05:28

e-Taxをご利用いただきありがとうございます。

あなたの所得税（または延滞金）法律により計算した客勛 について、これまで自主的に納付されるよう催促してきま したが、まだ納付されておりません。
もし最終期限までに 納付がないときは、税法のきめるところにより、不動産、自 動車などの登記登録財産や給料、売掛金などの値権など の差押処分に着手致します。
納税確認番号:****3056
滞納金合計:50000円
納付期限: 2022/09/19
最終期限: 2022/09/19 （支払期日の延長不可）

お支払いへ⇒ https://www.

▲図2　恐怖をあおる手口

3：報酬で釣る手口

最後に、AEONになりすましたメールを紹介します(図3)。ここでは「ポイントを獲得しました」といった嬉しくなる言葉が使われています。ポイントがもらえると聞いたら喜んでしまいますよね。ハッカーはその心理を利用して偽サイトに誘導します。

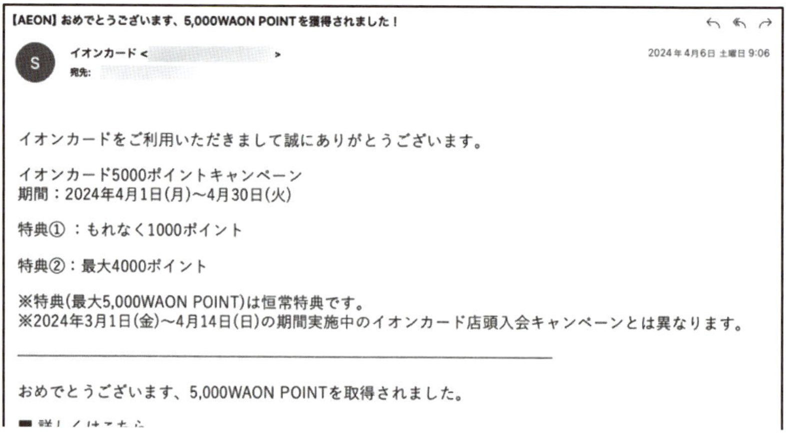

【AEON】おめでとうございます、5,000WAON POINTを獲得されました！

イオンカード < >
宛先:
2024年4月6日 土曜日 9:06

イオンカードをご利用いただきまして誠にありがとうございます。

イオンカード5000ポイントキャンペーン
期間：2024年4月1日(月)～4月30日(火)

特典①：もれなく1000ポイント

特典②：最大4000ポイント

※特典(最大5,000WAON POINT)は恒常特典です。
※2024年3月1日(金)～4月14日(日)の期間実施中のイオンカード店頭入会キャンペーンとは異なります。

おめでとうございます、5,000WAON POINTを取得されました。

▲図3　報酬で釣る手口

Column

最新の手口を学ぶ

フィッシング詐欺には、ここで取り上げたもの以外にもさまざまな手口があります。くわえて、日々新しい手口もできています。

そこで、ぜひ確認してほしいのがフィッシング対策協議会の「緊急情報」ページです。このページでは、フィッシング詐欺の最新の手口を見ることができます。ここで紹介した手口以外の手口も知ることができます。

https://www.antiphishing.jp/news/alert/

会社の資金を狙う詐欺「ビジネスメール詐欺」

フィッシング詐欺のうち、特に働いている方をターゲットにした手口を紹介します。

この詐欺では、ハッカーが取引先や自社の経営者になりすましてメールを送り、お金を送るよう促します。こういった手口を「ビジネスメール詐欺」(BEC：ベック、Business Email Compromise)といいます。

たとえば、取引先を装い「振込先が変更になりました」といって、指定の口座にお金を振り込ませようとします。また、自社の社長や上司を装い「至急、以下の振込先に送金してほしい」といった緊急の指示をだして従業員に振り込ませる手口もあります。

ビジネスメール詐欺

（BEC：ベック、Business Email Compromise）

- 取引先や自社の経営者などになりすまして、メールを送って入金を促す

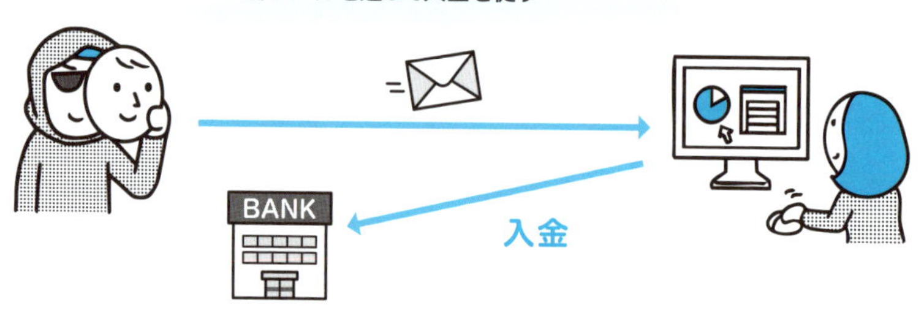

実際の偽サイトを見てみよう

「偽サイトにアクセスしたらどうなるんだろう」、「偽サイトってどんなサイトなんだろう」と気になった方もいるかもしれません。そこで、実際に筆者のところに届いたフィッシング詐欺メールから、詐欺サイトにアクセスしてみました。どんなサイトなのか、どんな流れで情報が盗られるのか見ていきましょう。なお、筆者は安全な検証環境を使い、万全の対策をしたうえでアクセスしています。危険ですので、安易に真似しないでください。

①ログイン画面

Amazonになりすましたメールから、Amazonの偽サイトにアクセスします。パッと見ただけでは偽物だと気づかないくらい巧妙に作られています。

amazon.co.jp
ログイン
Eメールまたは携帯電話番号
次へ進む
続行することで、Amazonの利用規約およびプライバシー規約に同意するものとみなされます。
お困りですか?
Amazonは初めてご利用ですか？
Amazonアカウントを作成する
利用規約　プライバシー規約　ヘルプ
© 1996-2024, Amazon.com, Inc. or its affiliates

②ID・パスワードを入力

ログインを求められるので、IDとパスワードを入力します。

③ログイン後の画面が表示

ログインボタンをクリックすると、ログインできたように見えます。

しかし、これは偽サイト。ボタンをクリックした時点で、入力したIDとパスワードがハッカーの手元に送られています。

④クレジットカード情報を入力

しばらく待っていると、クレジットカード情報の入力を求める画面が表示されます。これも、入力後に「保存」をクリックすると入力した情報がハッカーに送られてしまいます。

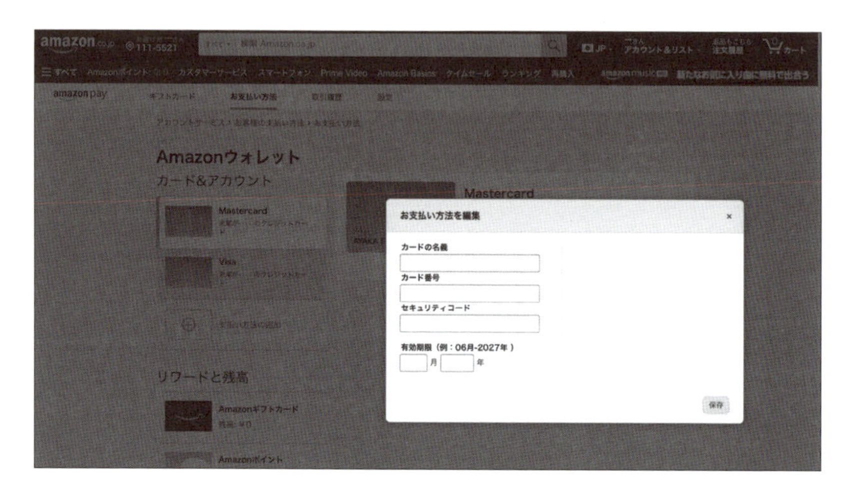

⑤氏名、住所、生年月日、電話番号を入力

入力後、さらに氏名や住所を入力するよう求める画面が表示されました。これも、入力してしまえばハッカーに情報を盗られてしまいます。

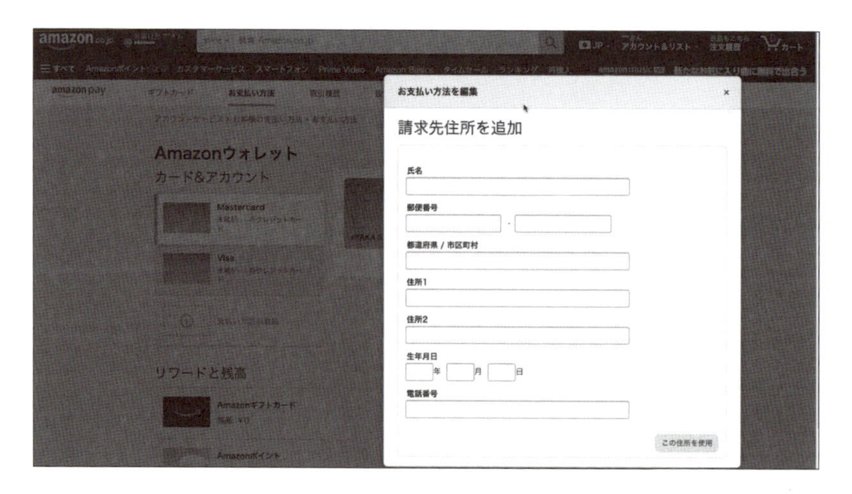

フィッシング詐欺を防ぐ基本の心得「すべてのメールを疑う」

フィッシング詐欺の手口はどんどん巧妙になっています。メールの本文や偽サイトが本物と見分けがつかないほどのものもあります。

「詐欺メールが本物そっくりならどうしたらいいの？」と思われる方も多いでしょう。その答えは、**すべてのメールを疑う**ようにすることです。受信したメールに対して「これは本物かな？」と一旦立ち止まるようにしてください。まず疑うことがフィッシング詐欺から身を守る第一歩になります。

とにかく「すべてのメールを疑う」こと！
フィッシング詐欺を防ぐ心得として、これだけは覚えておこう。

では、疑ったうえで、具体的になにをすれば詐欺の被害をさけることができるのでしょうか。ここからは、フィッシング詐欺への具体的な対策方法を3つお伝えします。

1：「リンク」を確認して見分ける

そのメールが詐欺メールかどうか、**リンクのドメイン部分**を確認して見分けましょう。もし、偽のリンクであればそれは詐欺メールなので、なにもせずにメールを削除してください。(注)

ドメイン：インターネット上の「住所」のようなもので、特定のウェブサイトや電子メールアドレスを識別するために使われるものです。

偽のリンクかどうか見分ける際に、注意すべきことが1つあります。それは、**メール本文に書かれているリンクのテキストではなく、実際のリンク先URLを確認して見分けること**です。本文に書かれているリンクのテキストは本物のように偽装できるため、実際のリンク先とは異なる場合があります。必ず実際のリンク先URLを見て、偽のリンクかどうかを判断するようにしてください。

実際のリンク先URLを確認する方法

メール本文のリンクをクリックする前にマウスカーソルをリンク上において、実際のリンク先URLを確認しましょう。多くのメールソフトでは、リンク上にマウスをおくと画面の下部などにリンク先のURLが表示されます。そのURLで偽物かどうか判断します。

リンクの見分け方

では、どのようなリンクが偽のリンクなのでしょうか。

以下のリンクの太字の部分がドメインです。ドメイン部分を確認してみましょう。

正しいリンク	https://**amazon.co.jp**/abcd/1234
偽のリンク	https://**amazon.co.jp.bjvsm.cn**/abcd/1234

ドメイン部分の後ろに不要な文字列が入っていれば、それは偽サイトです。

正しいドメインは「amazon.co.jp」ですが、偽のリンクでは「amazon.co.jp」の後に「.bjvsm.cn」という文字列が入っています。この場合、これは偽サイトの可能性が高いです。ドメイン部分の後に余分な文字がある場合は注意するようにしてください。

ただし、以下の例のように、ドメイン部分の前に文字(www.など)が追加されている場合もあります。

https://amazon.co.jp/abcd/1234
https://www.amazon.co.jp/abcd/1234

このような場合は、偽サイトではなく正規のサイトです。

詐欺メールかどうか判断するために「送信元を確認する」、「メールの本文で見分ける」といった方法もあります。しかし、送信元のメールアドレスも本物と同じように偽装できるようになってきています。また、メール本文も巧妙になっています。詐欺メールであるにも関わらず送信元やメール本文が正しく見える場合があります。しかし、リンクは偽装することができません。そのため、ここでは一番確実な「リンク」を見て判断することを推奨しています。

2:メールのリンクから移動しない

フィッシング詐欺はハッカーが用意したサイトに情報を入力することで被害に遭います。そのため、メールのリンクをクリックしてアクセスするのではなく、自分で直接本物のサイトにアクセスするようにしましょう。

直接アクセスする方法として、以下の2つがおすすめです。

- 自分でブラウザを立ち上げて検索し、検索結果から公式サイトにアクセスする
- 公式サイトをブックマークに登録して、そこからアクセスする

こうすることで、そもそも偽サイトにアクセスすること自体を防ぐことができます。

3：2段階認証を設定する

偽サイトにパスワードを入力してしまった場合に備えて、2段階認証を設定しておくことも大切です。

万一ハッカーにパスワードを盗られてしまったとしても、2段階認証を設定しておけばアカウントにログインされることはありません。アカウントの中の情報を見られたり、アカウントを乗っ取られたりすることを防ぐことができます。

フィッシング詐欺とはどのようなもので、どんな手口があり、どう対策すればいいのかについてお伝えしました。届いたメールに書いてあるリンクをなにも確認せずにクリックすると、偽サイトにつながる可能性があり危険です。フィッシング詐欺にあわないよう、届いたメールはすべて本物かどうか疑い、「リンクを確認する」、「そもそもクリックしない」、「2段階認証を設定する」といった対策を取るようにしましょう。

フィッシング詐欺はメールの文面も詐欺サイトも本物そっくりなもの。
だからこそ、騙されないようにメールを受け取ったらまず「このメールは本物かな」と一旦立ち止まるようにしよう。
これが、フィッシング詐欺から身を守る第一歩になるよ。

第4章

インターネット・SNSの安全な利用・ソーシャルエンジニアリング

この章では、「インターネット」「SNS」に潜むセキュリティリスクと対策、さらに「ソーシャルエンジニアリング」という人の心理を悪用する手口についてお伝えします。
みなさんの中には、業務で使うソフトウェアをインターネット上からダウンロードしたり、資料に使う画像ファイルや動画ファイルをインターネット上で探してダウンロードしたりしたことがある方も多いのではないでしょうか？
インターネットを使って、さまざまなファイルをダウンロードする機会は意外と多いですよね。しかし、実はこのダウンロードしたファイルには「ウイルス」（コンピュータウイルス）が潜んでいることがあります。どんなファイルに潜んでいることが多いのか、そしてウイルス感染を防ぐためにはどのような対策をとればいいのかを紹介します。

次に「SNS」に関する情報セキュリティについてです。SNSというとさまざまなサービスがありますが、ここでは特定のSNSに限らず、SNS全般に共通するリスクについてお伝えします。
みなさんの中には、会社でSNSアカウントの運用を担当している方もいれば、会社の休憩時間に個人的にSNSを楽しんでいる方もいると思います。
仕事に関わる情報を直接SNSに投稿すると情報漏えいにつながることは、簡単にイメージできるでしょう。しかし直接的なことを書き込んでいなくても、注意しないと思わぬ情報漏えいにつながることがあります。
どこから情報が漏れるのか、情報漏えいを防ぐにはなにに気をつければいいのか。SNS利用時の注意点についてお伝えします。

最後に、「ソーシャルエンジニアリング」についてお伝えします。ソーシャルエンジニアリングとは、情報やお金を盗むために人の心理を利用する方法のことです。
たとえば、みなさんも仕事中にインターネットでなにか調べものをすることがありますよね。そのとき突然「あなたのパソコンがウイルスに感染しました。修理のためにここに電話してください。」という警告が出たらどう感じますか？ びっくりして、つい電話したくなるかもしれません。でも、それがハッカーの狙いです。あわてて電話してしまうと情報やお金を盗られる危険があります。
この例のように、ソーシャルエンジニアリングは「ウェブサイト」や「SNS」を利用した詐欺に使われることもあり、私たちにとって身近な危険となっています。
こういった被害に遭わないためにはどうすればいいのでしょうか？ 具体的な手口とその対策方法を紹介します。

4-1

安全なインターネット利用

パソコンやスマートフォンを使っていると、「ウイルス感染」という言葉を一度は耳にしたことがあるのではないでしょうか。パソコンがウイルスに感染すると、パソコン内のデータが破損して業務に支障が出たり、パソコン自体をハッカーに乗っ取られて情報を盗まれたりします。

ウイルス感染は決して他人ごとではなく、私たちの身近なところに潜んでいる危険です。みなさんは仕事をしているときに、インターネットから便利そうなソフトウェアや仕事で必要な画像ファイルをダウンロードしたことはありませんか？ そういった普段何気なくしている行動が、ウイルスの感染経路になっていることがあります。

ここでは、このウイルス感染による情報漏えいを防ぐために、まずはどこから感染するのかを確認し、その後に具体的な対策について説明します。

「ウイルス」は「マルウェア」の一種

どうやって感染するか説明する前に、ウイルスについてすこし知っておいてほしいことがあります。

一般的にはウイルスという言葉がよく使われますが、セキュリティの専門用語では「マルウェア」とよばれることが多いです。マルウェアとは、コンピュータやネットワークに損害を与えるために作られた悪意のあるソフトウェアの総称で、その中にウイルスも含まれています。

マルウェアの例

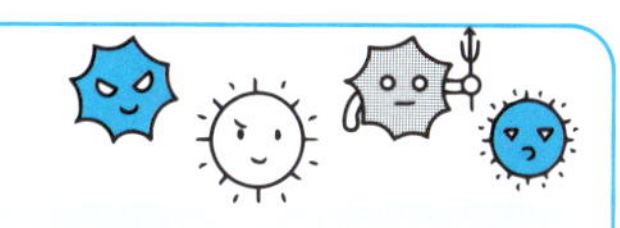

ウイルス

他のプログラムやファイルに自身をコピーすることで拡散するマルウェア。ユーザーのアクション（感染したファイルの実行など）が必要。

ワーム

ネットワークを介して自身をコピーすることで拡散するマルウェア。ユーザーのアクションなしに感染する。

トロイの木馬

正常なプログラムに見せかけ、悪意のある機能を隠して侵入するマルウェア。

ランサムウェア

ユーザーのファイルを暗号化し、復号（元の状態に戻す）のために身代金を要求するマルウェア。

ルートキット

システムの深層に潜んで不正アクセスを隠蔽し、システムを長期間にわたって制御するマルウェア。

アドウェア

ユーザーに広告を表示するためのマルウェア。

スパイウェア

ユーザーの行動を監視し、個人情報を収集して第三者に送信するマルウェア。

キーロガー

ユーザーのキーボード入力を記録し、機密情報を盗むマルウェア。

本書ではわかりやすいように以降も「ウイルス」とよぶけど、マルウェアにはさまざまな種類があることを知っておこう！

「ダウンロードしたファイル」からウイルスに感染する

では、ウイルスがどこから感染するのか説明します。感染しないためにも、ウイルスの感染経路をしっかりと把握しておきましょう。

ウイルスに感染する経路の多くは、**感染したファイルをダウンロードして実行してしまうこと**です。ハッカーは、ウイルスを仕込んだファイルをウェブサイトに設置し、そこにアクセスした人にそのファイルをダウンロードさせます。そして、ダウンロードしたファイルを実行してしまうと、パソコンがウイルスに感染してしまいます(注)。

ファイルを実行させる手口「別のファイルに見せかける」

「ファイルをダウンロードしたり実行したりしなければいいのでは？」と思った方もいるかもしれません。その通りなのですが、実は、ハッカーは**実際に存在する別のソフトウェアやファイルに見せかける**ことで、アクセスした人の警戒心を解き、ダウンロード、そして実行させようとします。

ここでは、どんなファイルに見せかけることがあるのか、3つの例を紹介します。

①有名なソフトウェアに見せかける

多くの人が知っているようなソフトウェアのファイルに見せかけてダウンロード・実行させる手口です。たとえば、コロナ禍でオンライン会議の需要が高まることを見越したハッカーが、Zoomを装ったファイルを用意してダウンロードさせるケースがありました。また、Pokemon GOが正式にリリースされる前に「このサイトからダウンロードすれば先に遊べる」と偽って、ユーザーを騙しダウンロードさせるというケースもありました。

②便利なソフトウェアに見せかける

ウイルスを除去するソフトウェアやパソコンの動作を軽くするソフトウェアなど、便利そうなソフトウェアに見せかけてダウンロード・実行させる手口です。たとえば、「無料で使えるアンチウイルスソフト」に見せかけてダウンロードさせるケースや、「パソコンの動作を軽くするためのソフト」に見せかけてダウンロードさせるケースがあります。

感染経路はダウンロードしたファイルだけというわけではありません。この他に、不正なサイトにアクセスさせてパソコンの脆弱性を悪用する感染経路や、悪意のあるメールの添付ファイルを開くことで感染する経路もあります。脆弱性を悪用する経路については3章で解説していますので、そちらもあわせて確認してください。

③メディアファイルに見せかける

音楽ファイルや動画ファイルに見せかけてダウンロード・実行させる手口です。あなたの好きな曲の音楽ファイルや、見たかった映画の動画ファイルといったものが無料でダウンロードできる…。そういわれると、つい手を伸ばしたくなるかもしれません。そういった気持ちを利用してファイルをダウンロード、そして実行させるケースがあります。

「タダほど高いものはない」
これを肝に銘じておこう!

詐欺サイトへ誘導する２つの手口

どれだけ巧妙に本物らしく見せかけたファイルだったとしても、そもそもそのファイルがある詐欺サイトにアクセスする人がいなければダウンロードされません。そのため、ハッカーはさまざまな方法でみなさんの注意を引き、サイトに誘導してきます。

ここでは、みなさんを詐欺サイトへ誘導する2つの代表的な手口を紹介します。

①検索結果の上位に詐欺サイトを表示させる

ハッカーは詐欺サイトを検索結果の上位に表示させようとします。

検索してすぐに出てくるサイトであれば、なんとなく信頼できるサイトだと思ってしまうかもしれません。ハッカーはその心理を利用し、信頼できるサイトだと誤解させることでアクセスさせようとします。検索してすぐに出てくるからといって、信頼できるサイトというわけではありません。

②ウェブサイトの広告を利用する

ハッカーはニュースサイトなどのウェブサイトに広告を出すことがあります。広告に興味を持った人がその広告をクリックすると、それまで見ていたウェブサイトから詐欺サイトへと移動させられます。

サイトを検索結果の上位に出すためにSEOとマーケティングも勉強したし、この広告だってちゃんと俺が契約して出してるんだぜ

広告を使って詐欺サイトへ誘導する手口の例を見てみよう

ここで、広告を使って詐欺サイトへ誘導する手口の実例を1つ紹介します。

ウェブサイトを見ていると、「トロイの木馬スパイウェアが検出されました」という通知のようなものが表示されます。

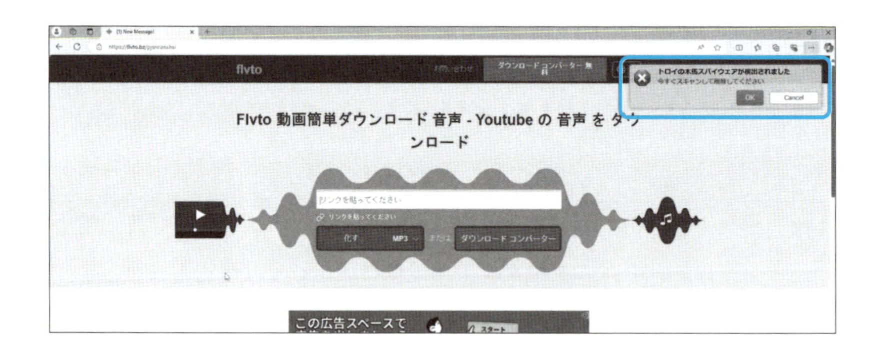

実はこれは通知ではなく、通知のようなデザインの広告です。

マルウェアに感染したと嘘をついて脅すのに加え、通知だと勘違いさせてクリックさせようという手口です。

これをクリックすると詐欺サイトへ移動してしまいます。

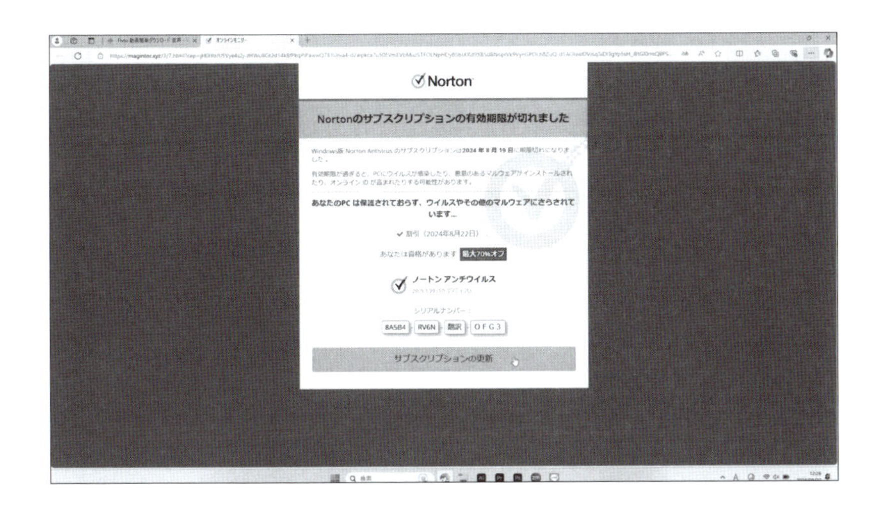

この例では、実際にあるウイルス対策ソフトの名前を出して見た人を信用させ、ソフトウェアの有効期限が切れたと偽ってダウンロードを促す、という手口の詐欺サイトに移動しました。

ウイルスの感染を防ぐ５つの対策

では、ウイルスに感染しないために、具体的になにをすればいいのでしょうか。ウイルスの感染を防ぐための5つの対策を紹介します。

1：不審なサイトにはアクセスしない

感染しないためには、そもそも見慣れないサイトにはアクセスしないことが大切です。サイトにアクセスしなければ、ファイルをダウンロードすることもなく、ウイルスに感染することもありません。見慣れない、よくわからないサイトにはアクセスしないようにしましょう。

2：公式サイトからダウンロードする

本物に見えたとしても、そう見せかけているだけの可能性があります。無料でファイルをダウンロードできるといった魅力的なメリットがあったとしても、信頼できるサイトからのみダウンロードするように心がけましょう。

3：自社で指定されたソフトウェアだけを使う

便利そうだと感じても会社の許可なしにソフトウェアをダウンロードしないようにしましょう。ウイルスに感染することで会社の機密情報が漏えいする危険があります。また、勝手にインストールすることは、会社のセキュリティポリシー違反になることもあります。

4：広告ブロッカーを使う

広告ブロッカーとは、ウェブサイト上の広告を削除してくれるものです。そもそも広告が表示されなくなるので、不正な広告をクリックすることがなくなります。

広告ブロッカーの使い方

広告ブロッカーの1つとして「uBlock Origin」があります。
uBlock Originはインストールするだけで広告を非表示にしてくれます。
ここでは、uBlock Originのインストール方法を説明します。
無料で使うことができるので、ぜひ使ってみてください。

※uBlock Originは使用するブラウザごとにインストールする必要があります。ここではEdgeでの操作を紹介しています。

①uBlock Originのダウンロードページを開く

https://ublockorigin.com/jp

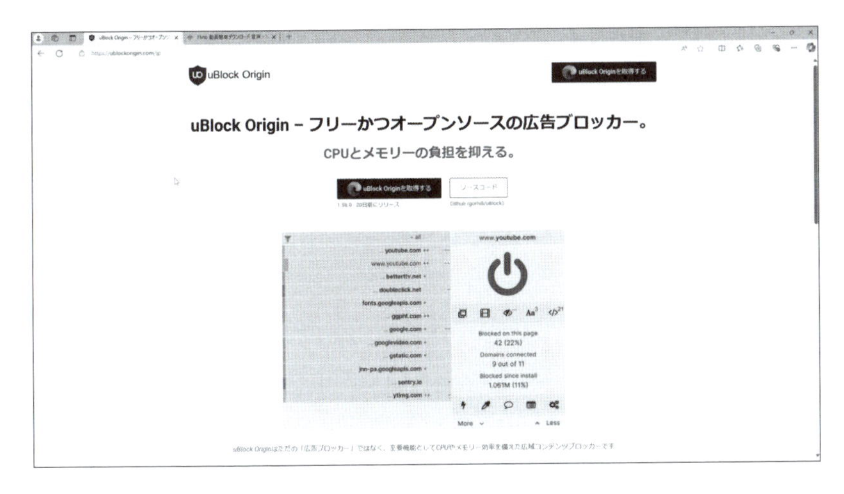

②「uBlock Originを取得する」をクリック

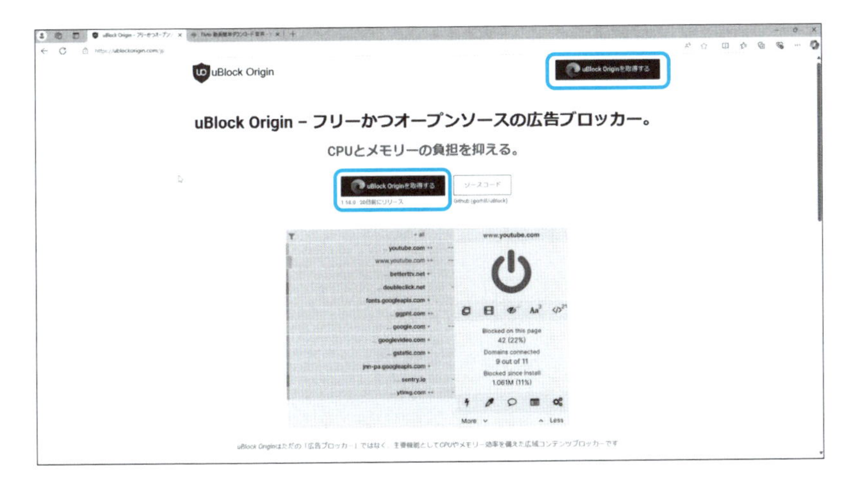

③「インストール」をクリック

④「拡張機能の追加」をクリック

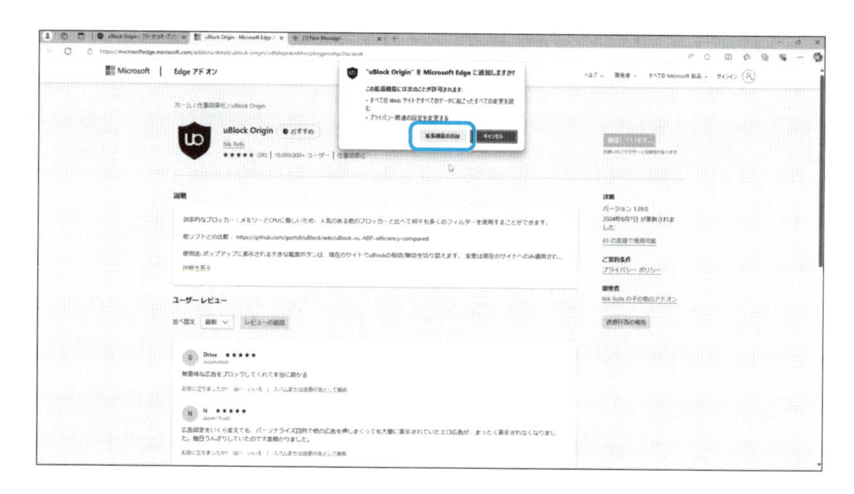

これで、インストールが完了です

5：ウイルスに感染していないか確認してから使う

インターネット上からダウンロードしたファイルは、実行する前にウイルスに感染していないか確認しましょう。そのためには、ウイルス対策ソフトやウイルスの有無を確認できるサイトなどが役立ちます。

「VirusTotal」を使ってウイルスに感染しているか確認する

ファイルがウイルスに感染していないかを確認できるサイトの1つに「VirusTotal」があります。

「VirusTotal」は、ファイルがウイルスに感染しているかどうかを確認できるサイトです。このサイトには複数のセキュリティ対策ソフトが搭載されており、それを使ってウイルスに感染しているかどうかを調べてくれます。

有料版と無料版がありますが、無料版でも十分使うことができます。

ここでは、無料版を使ってファイルがウイルスに感染していないか調べる方法を紹介します。

①VirusTotalのページを開く

https://www.virustotal.com/

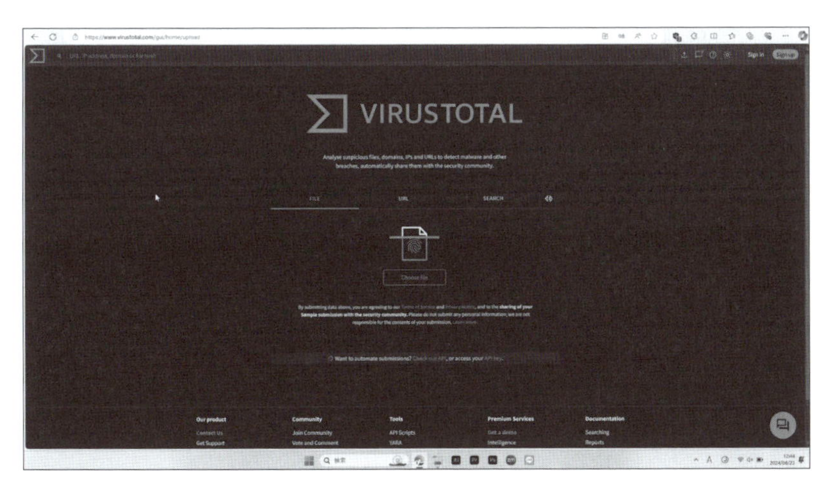

②確認したいファイルをドラッグ＆ドロップする

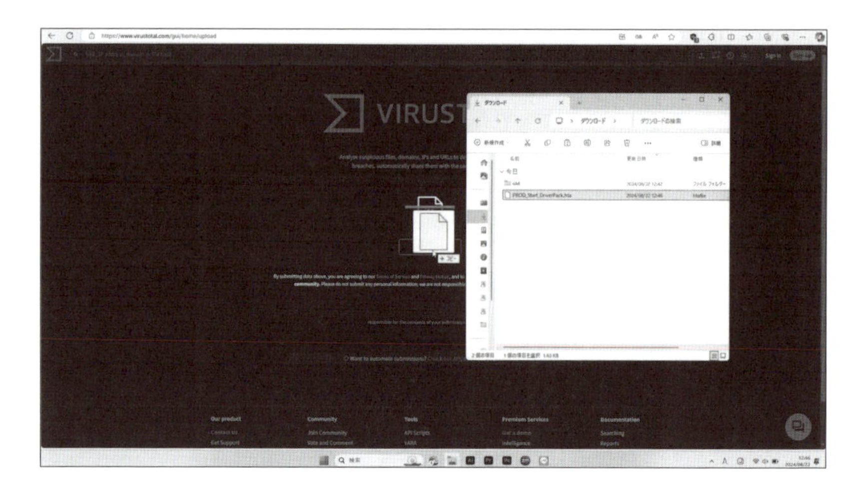

③しばらく待つと結果が表示される

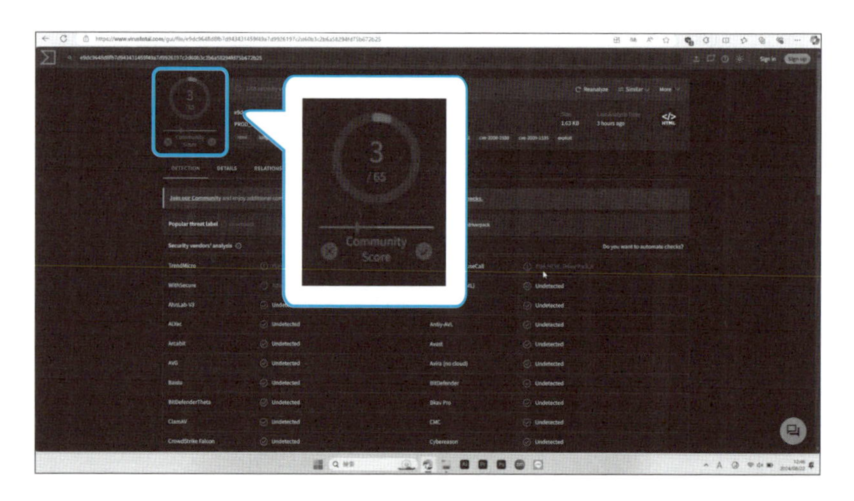

画面の左上に、何種類のセキュリティ対策ソフトでスキャンしたかと、危険性があると判断したソフトウェアの数が表示されます。ここでは、65種類のソフトウェアでスキャンし、うち3つのソフトウェアで危険性があると判断されました。

VirusTotalでチェックしてみて、もし**1つでも危険だと警告するソフトウェアがあったら、そのファイルは使用しないことをおすすめします。**

VirusTotal利用時の注意点

このサイトを使うとき、1つだけ注意してほしいことがあります。このサイトは有料版だと、他の人がアップロードしたファイルの中身を見ることができてしまいます。**第三者に見られる可能性があるため、機密情報を含んだファイルは絶対にアップロードしないようにしましょう。**

やってみよう

みなさんがいつも使っているブラウザに広告ブロッカーをインストールしてみましょう。
(やり方:123ページ)

4-2

SNS利用時の注意点

みなさんは普段、どれくらいSNSを使っていますか？ 会社で面白い出来事があったときに個人のアカウントで投稿する方もいるでしょうし、会社のアカウントを使って毎日自社に関する情報を投稿している方もいるかもしれませんね。

何気なく投稿しているかもしれませんが、SNSに投稿した内容というのは全世界に向けて発信されています。なにも意識せずにSNSを使っていると、気づかないうちに公開してはいけない情報を全世界に公開してしまう危険があります。企業アカウントはもちろん、個人がプライベートで使っているアカウントにもこの危険があります。SNSは注意して使わなければいけません。

では、具体的になにに注意すればいいのでしょうか。ここでは2つの注意点についてお伝えします。

1つ目は、「自分の投稿から情報が漏えいしないよう注意する」です。自分が投稿した文章や写真が原因で情報が漏れてしまうことがあります。それを防ぐためになにに注意すればいいか説明します。

2つ目は、「ハッカーが発信する偽情報に騙されないよう注意する」です。ハッカーはSNSで偽情報を発信し、あなたを騙そうとすることがあります。このような偽情報に騙されないために注意すべきことを説明します。

それでは、この2つのポイントについて順番に確認していきましょう。

自分の投稿から情報が漏えいしないよう注意する

まず、自分が投稿した内容からの情報漏えいを防ぐために、なにに注意すればいいのかお伝えします。

ハッカーは、SNSに投稿された文章や写真から情報を収集し、それを攻撃に利用してきます。ハッカーに情報を渡さないためにも、投稿するときには注意が必要です。

ここからは、投稿する文章と写真それぞれについての注意点を解説していきます。

投稿文に書く内容に注意！

まず、投稿文からの情報漏えいについてです。

知られてはいけない情報をわざと投稿する人はすくないでしょう。しかし、無意識のうちに、知られてはいけない情報を文章に含んでしまうことがあります。

たとえば、プライベートのアカウントで「○○日にリリースだから、最近徹夜続き」という投稿をしたとします。このリリース日がまだ公表されていない情報だった場合、その人がどの会社に勤めているかを知っている人がいれば情報漏えいにつながります。プロフィールに会社名を書いている場合、「どの会社のリリース日か」が特定されやすくなり、情報が広まるリスクがさらに高まります。

企業アカウントだけでなく、プライベートで使っているアカウントも要注意！ プライベートなアカウントだからといって油断は禁物。投稿文に書く内容には十分注意するようにしよう。

「写真」には特に注意が必要！

次に、写真からの情報漏えいについてです。

写真には文章よりも多くの情報が含まれています。情報が意外なところに写り込んでいたり、思わぬところから読み取れることがあり、そういったところから情報漏えいにつながることがあります。

情報を漏らさないために、なにに注意すればいいのか具体的に見ていきましょう。

ガラスなどの写り込み

ガラスなどなにかを反射するものが写っている場合は要注意です。書類やホワイトボードに書かれた機密情報がガラスに写り込んでしまうと、そこから情報が漏れる危険性があります。

また、ガラスだけでなく、車のボンネットや人の瞳といったところにも知られてはいけないものが写っていることがあります。反射して写り込んでいるものにまで目を配ることが大切です。

位置情報のヒントになる特徴的なもの

住所が直接写っていなくても、特徴的な建物が写っている場合、それだけで撮影場所を特定されてしまうことがあります。また、電柱や電灯、マンホールのような一見ありふれたものでも、番地や識別番号が書かれており、撮影場所の特定に利用されてしまうこともあります。

もし、あなたが家の近くで撮った写真に番地の書かれた電柱が写り込んでいた場合、撮影場所が特定されてあなたの住所まで漏えいするリスクがあります。

特徴的な建物や、電柱やマンホールなど番地や識別番号が書かれているものが写っていないかまで確認しましょう。

写真に写り込む情報の例

- 建物
- ガラスなどの映り込み
  （車のボンネット、瞳からも…）

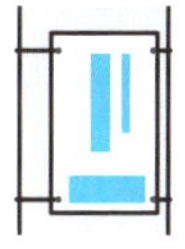
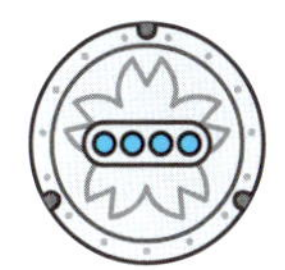

最近のカメラは高性能だから、撮った写真を拡大したら細かいところまで見えてしまう。書類みたいにわかりやすいものだけじゃなく、反射して写り込んでいるもの、位置情報のヒントになるものが写っていないかまでチェックしよう！

Column　マンホールの識別番号から撮影場所を特定してみる

前のページを読んで「本当に電柱やマンホールから撮影場所が特定できるの？」と疑問に思った方もいるかもしれません。ここで、実際にマンホールの写真から、その写真がどこで撮られたものか特定してみます。

今回は、この写真がどこで撮られたものなのかを特定します。

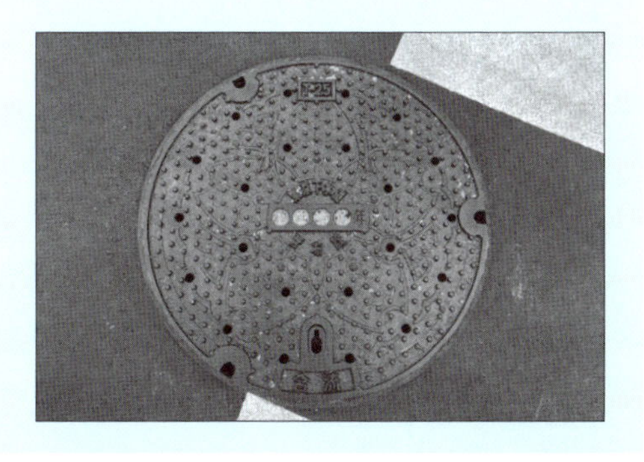

まず、マンホールの識別番号を確認します。

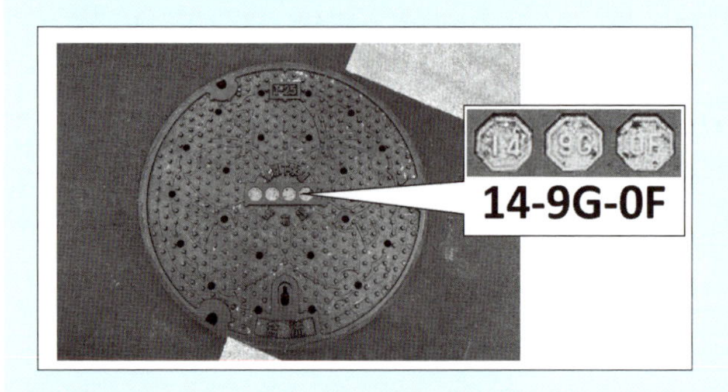

マンホールの位置や関連情報を地図上で確認できるウェブサイトがあるため、そのサイトを開きます。

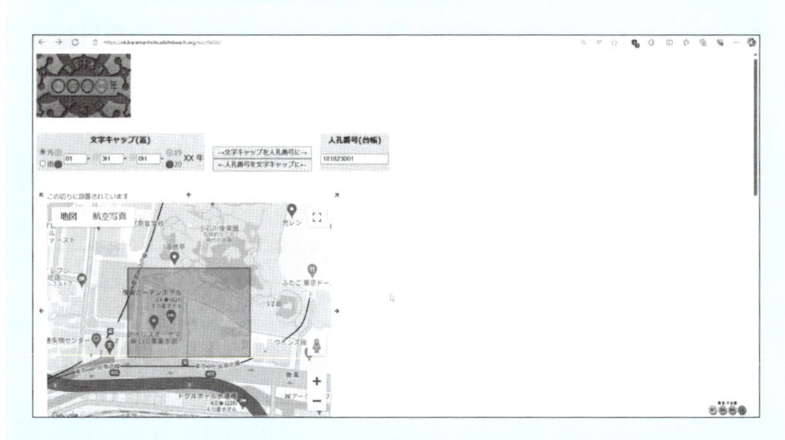

サイト内の指定箇所に識別番号を入力します。

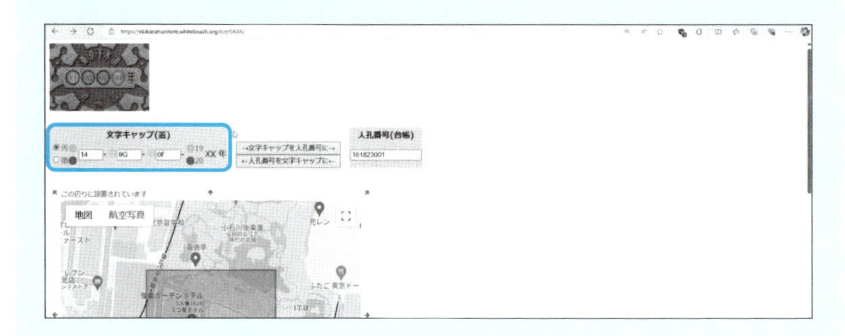

「文字キャップを人孔番号に」をクリックします。

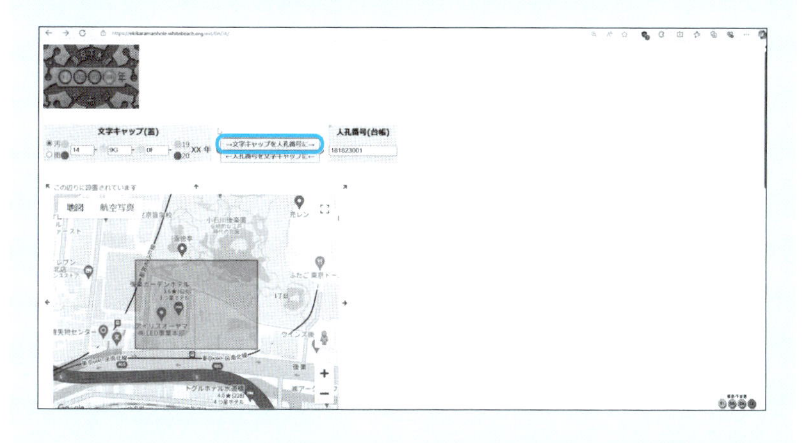

すると、地図上に該当のマンホールがある場所が表示されます。

これで、この写真がこの地図で示されている範囲内で撮られたものだということがわかってしまいます。

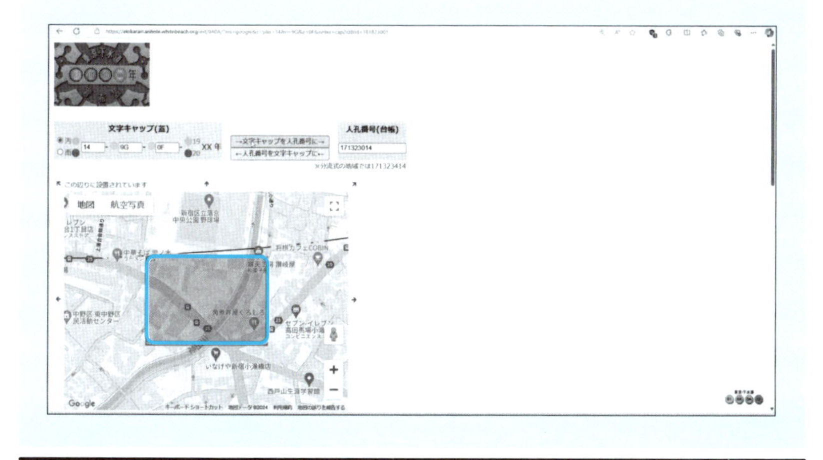

写真ファイル自体に含まれている情報に注意する

写真に写っている内容だけでなく、写真ファイル自体にも注意が必要です。写真ファイルには次のような情報が含まれていることがあります。

写真ファイルに含まれる情報

①撮影日時

②カメラの設定

シャッタースピード、絞り値、ISO感度、ホワイトバランスなど

③カメラ情報

使用したカメラのメーカーやモデル、レンズの情報など

④位置情報(GPS)

この情報を残したまま写真を投稿すると、誰でもその情報を見ることができてしまいます。投稿する前に写真ファイル自体も確認し、必要であればその情報を削除してから投稿するようにしましょう。

写真ファイルに含まれる情報の確認方法と削除方法

「情報が含まれているかどうかどうやって確認するの？」と思った方もいるかもしれません。ここでは、パソコン(Windows)を使って写真ファイルに含まれている情報を確認する方法と、その情報を削除する方法について解説します。

写真ファイルに含まれる情報の確認方法

①写真を「フォト」で開き、「ファイル情報」をクリック

②画面右側に写真ファイルに含まれている情報が表示される

写真ファイルの情報を削除する方法

①ファイル情報を削除したい写真をエクスプローラーで表示する

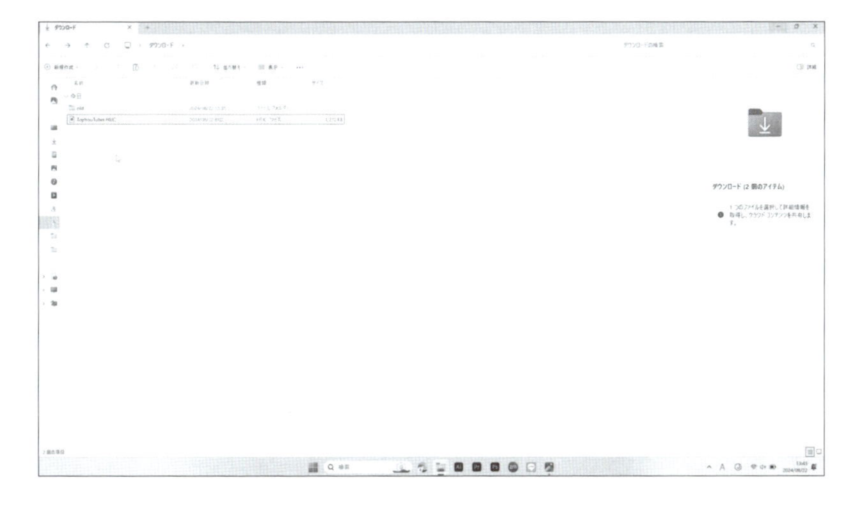

②写真ファイルを右クリック

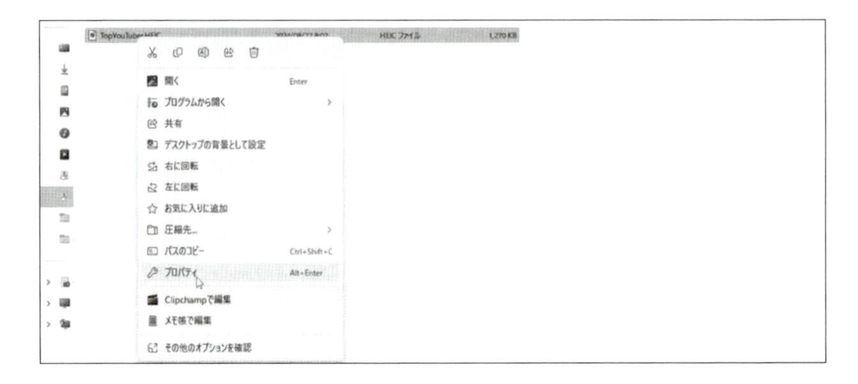

③「プロパティ」をクリック

④「詳細」タブをクリック

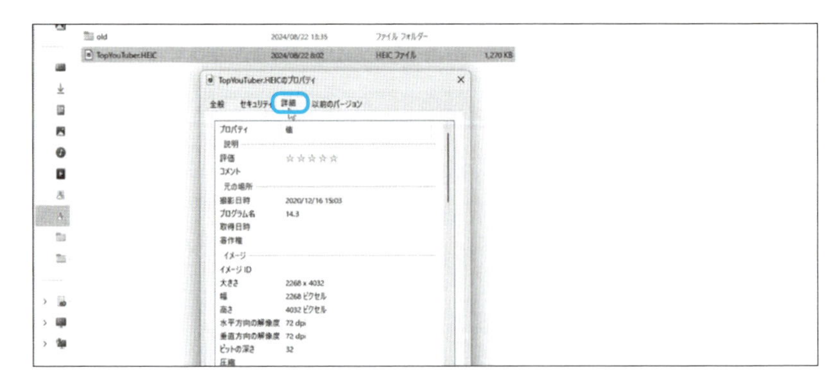

⑤「プロパティや個人情報を削除」をクリック

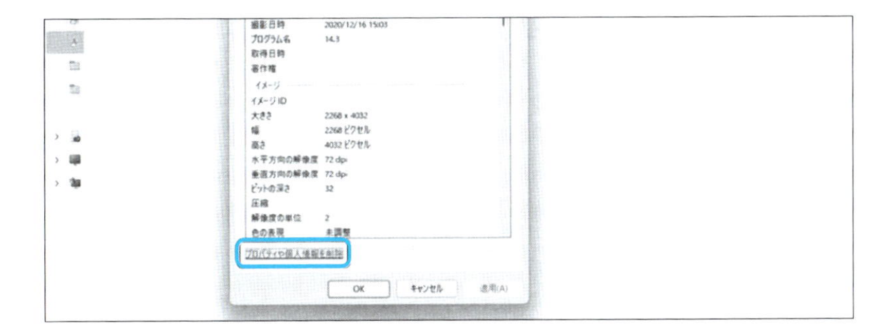

⑥「可能なすべてのプロパティを削除してコピーを作成」にチェックがついていることを確認

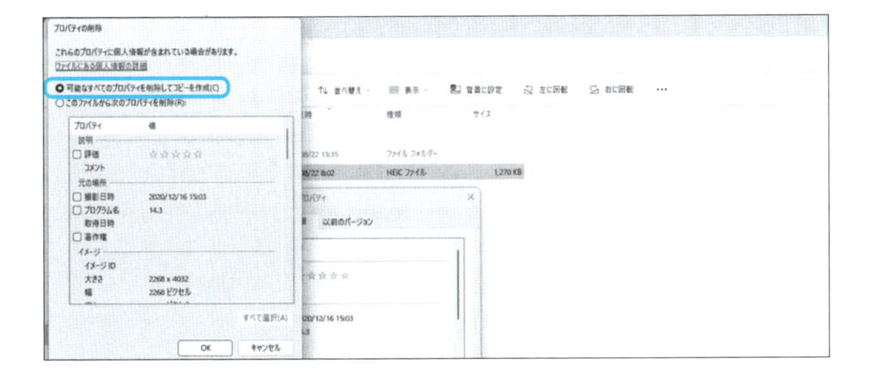

⑦「OK」をクリック

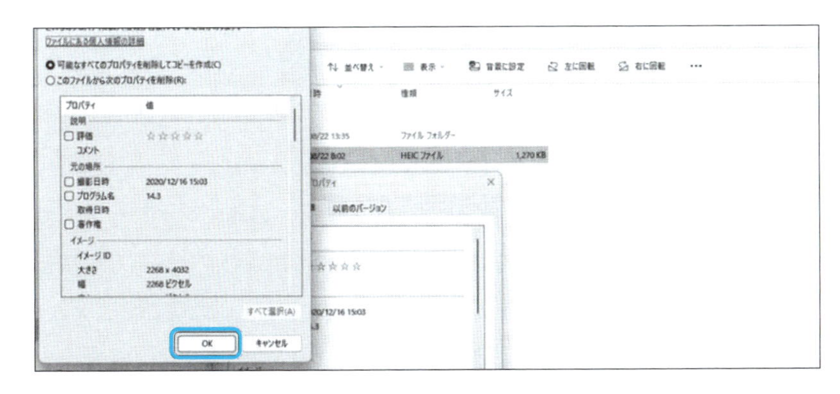

元の写真ファイルとは別に、情報の削除されたファイルが作成されます。

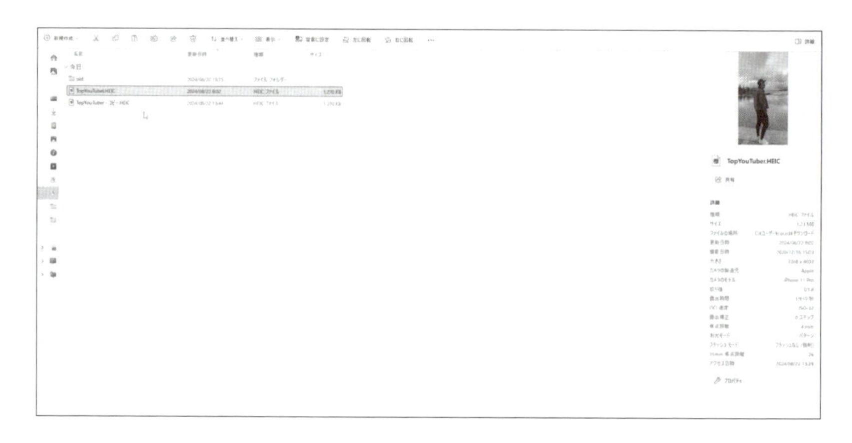

新しくできたファイルを開いて確認すると、ファイルに含まれていた情報が削除されています。

投稿前にチェックすべき４つのポイント

最後に、投稿する前に必ず確認しておきたい4つのポイントについてお伝えします。情報漏えいを防ぐには、「投稿内容に知られてはいけない情報が含まれていないか」を投稿前にしっかり確認することが大切です。次の4点をチェックするようにしましょう。

1：文章に知られたくない情報が入っていないか

投稿する文章に知られたくない情報が入っていないかを確認しましょう。まだ公表されていないプロジェクトに関する話題などの機密情報は、直接書かれていなくても情報漏えいにつながることがあります。投稿する前にもう一度読み直し、無意識に文章に情報を含めていないか確認しましょう。

2：写真の背景に知られたくない情報が入っていないか

写真を投稿するときは、背景にも気をつけましょう。社内で撮った写真の背景に、機密情報が書かれた書類が写り込んでいることも。そのまま投稿すると情報漏えいにつながります。また、写真内の反射物や、特徴的な建物なども写っていないか、すみずみまで確認するようにしましょう。

3：写真ファイル自体に知られたくない情報が入っていないか

写真ファイルそのものにも注意が必要です。位置情報や撮影日など、知られたくない情報が入っていないか確認し、入っている場合は削除してから投稿しましょう。

最近のSNSは、写真を投稿するときに位置情報や撮影日を自動的に削除してくれることもあるんだ。でも、念のため自分でも確認して、いらない情報は削除してから投稿するようにしよう。

4：投稿の公開範囲はあっているか

投稿の公開範囲にも注意が必要です。たとえば、Instagramのストーリーは特定の人にだけ公開することができます。「この人は同じ会社だから、いま企画中のプロジェクトについて話しても大丈夫」と思っても、公開範囲を間違えて全体公開にしてしまえば情報漏えいにつながります。投稿内容だけでなく、公開範囲の設定もしっかりと確認しましょう。

どんなに公開範囲を狭くしても、その中の誰かがその投稿をスクリーンショットして別のSNSで公開…というケースもあるんだ。SNSに投稿した以上、どこかで公開されてしまう可能性も。見られたくない情報は、基本的に投稿しないのが無難だね。

投稿前のチェックポイント

- ✔ 文章に機密情報が含まれていないか
- ✔ 写真の背景に機密情報が含まれていないか
- ✔ 写真自体に位置情報が含まれていないか
- ✔ 投稿の公開範囲は適切か

ハッカーが発信する偽情報に騙されないよう注意する

次に、ハッカーが発信する偽情報について説明します。

ハッカーはSNSで情報を収集するだけでなく、見た人を騙すための「偽情報」を発信することもあります。ハッカーが発信する偽情報に騙され、被害を受けないように注意しなくてはいけません。

では、偽情報とはどのようなもので、どのような被害があるのかを見ていきましょう。

偽アカウントによるなりすましに注意！

ハッカーは企業や従業員になりすましたアカウントを作り、それを使ってあなたを騙そうとします。

たとえば、ハッカーがあなたの取引先の社員になりすまして「急ぎの案件があるので○○のプロジェクトについての情報を送ってほしい」といったメッセージを送ってきたりします。本人だと思って情報を送ってしまえば、情報漏えいにつながります。

偽のアカウントに騙されてしまうと、あなたの会社やお客様の情報を漏らしてしまうことにつながります。SNSで送られてきたメッセージに騙されないよう注意しましょう。

フェイクニュースによる被害に注意！

ハッカーはありもしないウソの情報（フェイクニュース）を発信し、企業の評判や信用を傷つけようとします。たとえば、実際にはなにも問題のない製品に不具合があったという情報を流し、その製品を作った企業のイメージを落とそうとしたりします。

また、新型コロナウイルスの感染拡大が5Gネットワーク（スマートフォンなどに用いられる高速・大容量の通信を実現する通信規格）によって引き起こされているという根拠のない情報がSNSで拡散されたことがありました。このウソの情報が影響して、一部の地域では5Gネットワークを送受信するための基地局が破壊され、通信インフラに大きな被害を与えました。

フェイクニュースは企業の評判や信用を傷つけるだけでなく、企業や公共の設備に物理的な被害が出ることもあります。

フェイクニュースというと、ウソのニュース記事をイメージするかもしれません。しかし、そういった記事だけではなく「ディープフェイク」という手法で作られた偽動画などもフェイクニュースに含まれます。ディープフェイクとはディープラーニングという技術を使ってリアルな映像や音声を合成する手法です。たった1枚の顔写真や数秒の音声があれば、偽の動画や音声を作ることができます。

ディープフェイクを使うと、たとえば政治家や有名人など、その人が一切話していない内容をまるで本人が喋っていたかのように見せかけることもできてしまいます。

専用のソフトウェアを使って、筆者も映像に映っている人の顔を別の人の顔に加工してみました。

このとき必要なのは顔写真1枚だけ。それさえあれば、簡単に別の人の顔に置き換えることができてしまいます。

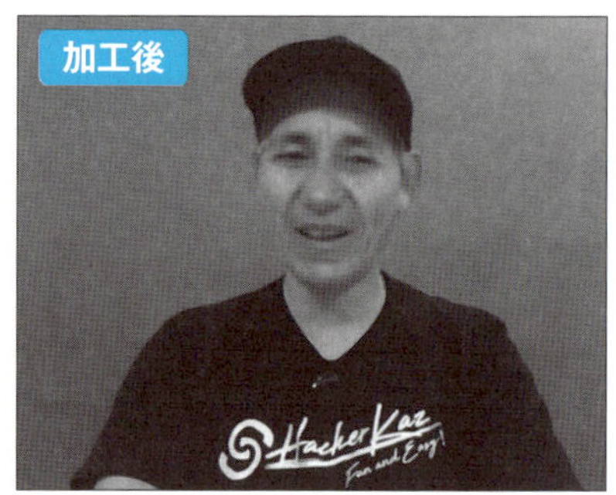

SNSの情報は鵜呑みにしない

こうした偽情報に騙されないために、SNSで見た情報は鵜呑みにしないようにしましょう。SNSに投稿される情報は、すべてが真実というわけではありません。

知り合いから送られてきたメッセージのように見えても、ハッカーがなりすまして送っているものである可能性があります。また、多くの人が反応している情報であってもウソの内容かもしれません。

SNSで見た情報をすぐに信じないよう注意しましょう。

SNSの情報は鵜呑みにせず、信じる前に情報の出所をしっかり確認することを徹底しよう!

やってみよう

みなさんが撮った写真のファイルに情報が含まれていないか確認してみましょう。
(やり方:134ページ)

ソーシャルエンジニアリング対策

ソーシャルエンジニアリングとは、セキュリティの専門用語で**人の心理を利用して情報やお金を盗む方法**のことです。みなさんが仕事中に見ているウェブサイトや、日々使っているSNS…こういった身近なところからこの方法を使った詐欺に巻き込まれることがあります。

実際、筆者のところにもソーシャルエンジニアリングによる被害の相談が多くよせられています。みなさんも、いつ被害者になるかわかりません。ソーシャルエンジニアリングに引っかかって被害に遭わないよう、具体的な手口や対策方法についていっしょに確認していきましょう。

「人の心理」を悪用する手口

まず、どのように情報が盗まれるのか見ていきます。

情報を盗むと聞くと、「ウイルスや技術的な方法を使って抜き取る」というイメージがあるかもしれません。しかし、ソーシャルエンジニアリングは人の「心理」を利用して「心の隙」を作り、そこから情報を盗みます。

たとえば、前の節の「SNSでのなりすまし」も、ソーシャルエンジニアリングの一例です。ハッカーがあなたの友人や知人になりすますことで「信頼」させて心の隙を作り、個人情報を引き出そうとします。知っている人だと思うと、つい警戒心を緩めてしまいますよね。ハッカーはその「信頼」を悪用しています。

また、3章で紹介したフィッシング詐欺も人の心の隙を利用しています。偽のメールを使って受け取った人を「驚かせたり」あるいは「不安にさせたり」することで心の隙を作り、個人情報を盗み取ります。

この他にも、心の隙を作り出すためにさまざまな手口が使われます。

その中でも特に巧妙なのが「サポート詐欺」です。ここからはサポート詐欺を例に、どうやって心の隙を作り出し、情報を盗むのかをさらにくわしくお伝えします。

「サポート詐欺」の手口を知る

サポート詐欺とは、パソコンやスマートフォンを使っているときに偽の警告文が突然表示され、偽のサポート窓口に誘導され、高額なサポート料を請求される詐欺です。この警告文は「すぐに修理が必要です」や「この番号に電話してください」といった**強い不安を与える**メッセージが書かれています。

見た人がびっくりして書かれている番号に電話をかけると、サポート担当者を装ったハッカー（詐欺師）に、お金や個人情報を騙し取られてしまいます。

セキュリティ警告

お客様の端末でウイルスが検出されたため、
セキュリティ上の理由で端末をロックしました。

サポートに連絡して、指示に従ってください。

0X0 - XXXX - XXXX

サポート詐欺の手口の例

サポート詐欺がどのように行われるのか、その手口の例を１つ紹介します。まずは全体の流れを以下の図で確認してください。

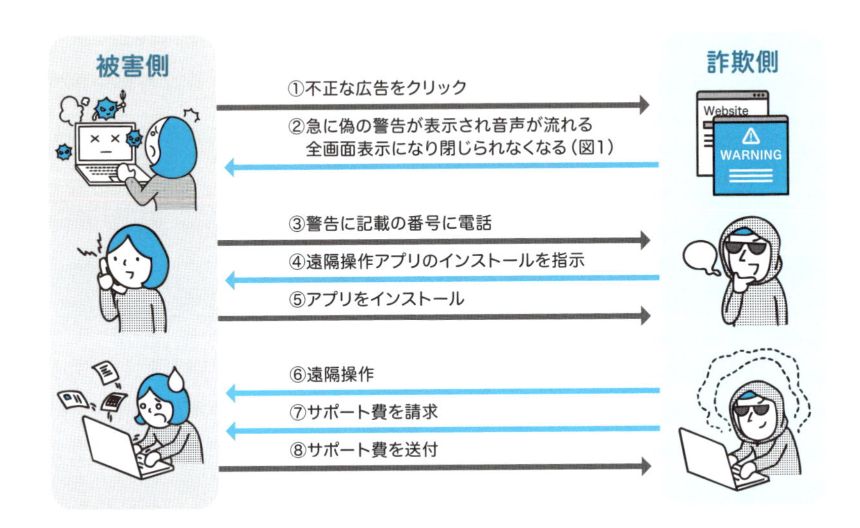

▼図1　実際のサポート詐欺の偽警告画面

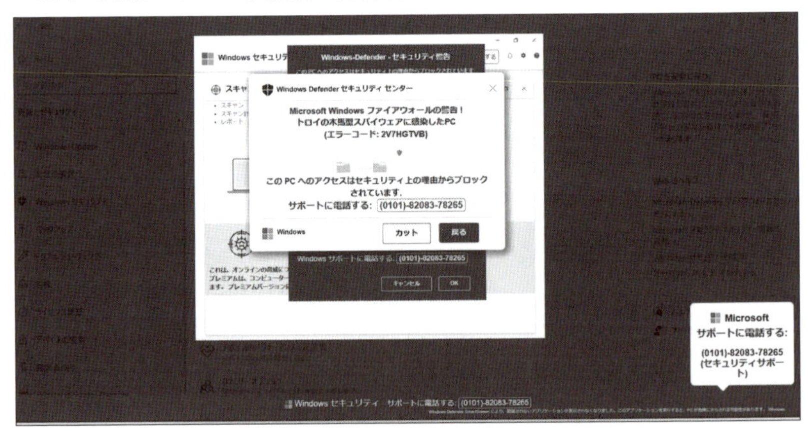

では、サポート詐欺の手口をくわしく説明していきます。

①被害者がインターネットを使っているときにハッカーの用意した広告を

クリックしてしまうと、「使っているパソコンがウイルスに感染した」という内容の偽の警告が表示されます。(図1)

②この警告は全画面で表示され、クリックしただけでは閉じられないようになっています。また、警告画面だけでなく不安を煽るような音声も勝手に流れます。

③警告にはサポート窓口として電話番号が書かれています。警告を見て不安になった被害者がその番号に電話をかけると、サポート窓口になりすましたハッカー(詐欺師)につながります。

④ハッカーは、被害者のパソコンの状態を確認したいからと、パソコンを遠隔操作するためのソフトウェアをインストールするよう被害者に指示します。

⑤被害者はサポートに必要だと思い、ソフトウェアを自分のパソコンにインストールします。

⑥ハッカーはそのソフトウェアを使用して被害者のパソコンに表示されている警告を閉じます。もちろんそれだけではなく、ターゲットのパソコンの中にあるデータを見て情報を盗み取ります。

⑦ハッカーは操作を終えると、被害者にサポート費用を請求します。

⑧被害者は、警告が消えてパソコンが使えるようになっているため、サポートを受けたと思ってハッカーに送金してしまいます。

まず、偽の警告と音声で「不安」にさせます。そのうえでサポート先を見せることで「安心」させて心の隙を作り、ハッカー(詐欺師)の指示に従うようコントロールされてしまいます。

サポート詐欺は非常に巧妙で、詐欺に遭ったことに気づいていない被害者もいるかもしれません。実際、筆者のところにもサポート詐欺の相談が来ますが、「詐欺に遭った」ではなく、「ウイルスに感染した」といって相談に来る方が多いです。もし私が「それは詐欺ですよ」と伝えなければ、詐欺だと気づかなかったかもしれません。

Column サポート詐欺を疑似体験してみよう

サポート詐欺に冷静に対処できるよう備えるためには、実際に体験してみるのが効果的です。このサイトでは、サポート詐欺を疑似体験できます。万一、同じような状況に直面したときに冷静に対処できるよう、ぜひ一度体験してみてください。

IPA　偽セキュリティ警告画面の閉じ方体験サイト
https://www.ipa.go.jp/security/anshin/measures/fa-experience.html

本で読むだけじゃなくて、実際に体験してみることも大事。この機会にサポート詐欺を体験してみよう！
1つだけ注意してほしいことがあって、このサイトは体験するときに音が出るんだ。音量設定を確認してから体験するようにしてね。

サポート詐欺による被害の例

では、サポート詐欺に遭うと具体的にどのような被害があるのでしょうか。代表的な例を紹介します。

高額なサポート費用の請求

なにもしていないにも関わらず、「サポートした」として高額なサポート費用を請求されます。

パソコンが乗っ取られる

遠隔操作ソフトをインストールしてしまうと、ハッカーがあなたのパソコンを自由に操作できるようになります。場合によってはロックされてしまい、自分のパソコンが使えなくなることがあります。

機密情報が盗まれる

パソコンが遠隔操作されることで、パソコン内に保存されているすべての情報をハッカーに見られてしまいます。会社のパソコンでサポート詐欺に遭った場合、パソコンに入っているお客様の情報や取引先のデータなど、重要な機密情報もすべて見られてしまいます。

サポート詐欺を防ぐ心得：「驚かせて電話させる」のはすべて詐欺

サポート詐欺は手口が巧妙で、詐欺だと気づかない人もいるとお伝えしました。では、サポート詐欺から身を守るためにはどうすればいいのでしょうか。

その答えは、「急に警告が表示され、電話をかけさせようとするものはすべて詐欺」と思うことです。詐欺の被害に遭わないためにもこの心得をしっかりと覚えておきましょう。

ただ、詐欺だとわかっても、警告が全画面に出たままだったら困りますよね。ここで、サポート詐欺の偽警告画面が表示されてしまい、閉じられなくなった場合の対応方法を紹介します。

警告文が表示されたら「Esc キーを長押し」

パソコンを使っていて急に全画面で警告文が表示された場合、まずは落ち着いて「Esc キー」を長押ししましょう。この操作で全画面表示が解除され、警告画面を閉じることができるようになります。警告文が出たときにすぐに対応できるよう、この操作をしっかり覚えておいてください。

▼ Esc キーを押す前

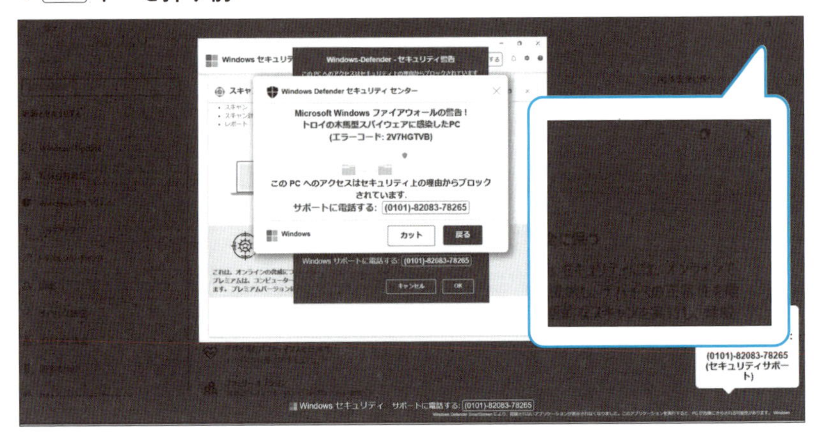

▼ Esc キーを押した後

ソーシャルエンジニアリングの被害に遭わないための3つの対策

サポート詐欺以外にも、人の心の隙を作って情報を盗もうとするケースはたくさんあります。ソーシャルエンジニアリングで心の隙を利用されないよう、次の3つの対策を行ってください。

1：急に出てきた警告の指示は聞かない

不安にさせる、焦らせることでなにかをさせようとするものは詐欺であることがほとんどです。

指定された番号に電話をかけたり、ソフトウェアをインストールしたりしてはいけません。急に出てきた警告やメールなどに書かれた指示には一切従わないようにしましょう。

2：友人・同僚に相談する

一人で焦って判断してしまうと、詐欺に引っかかりやすくなります。もしなにか不安に思うことがあれば、一人で抱え込まず、情報セキュリティにくわしい友人や同僚、職場内の情報システム部門やセキュリティ担当部署に相談しましょう。誰かの意見を聞くことで、詐欺であると気づけることもあります。

3：セキュリティ対策ソフトを導入する

セキュリティ対策ソフトを導入しておくことも有効な手段です。こういったソフトウェアには、ハッカーが用意したサイトへのアクセスをブロックする機能があります。そもそもアクセスすることがなくなるので、サポート詐欺やフィッシング詐欺など、ウェブサイトを使った詐欺に遭うリスクを減らすことができます。

ソーシャルエンジニアリングによって情報を盗られないよう、しっかりとこれらの対策を取るようにしてください。

もし会社のパソコンで被害にあえば、お客様の個人情報や会社の機密情報が盗られてしまう。サポート詐欺は企業にとっても危険な詐欺。こういった手口に騙されないように気をつけよう！

第5章 オフィス内外での物理セキュリティ・モバイルデバイスの管理

この章では「物理セキュリティ」についてお伝えします。

物理セキュリティとは、盗難や盗み見といった物理的な危険から情報を守ることです。ハッカーが情報を盗む方法というと、ウイルス感染や詐欺サイトなど、これまで見てきたようなデジタルな方法をイメージするかもしれません。しかし、それだけではなく、アナログな方法でも情報を盗もうとします。

アナログな方法というと、どのようなものを思い浮かべるでしょうか？ たとえば、作業中のパソコン画面を横からのぞき見たり、パソコンやスマートフォンそのものを盗み出したりといったものがあります。ハッカーはこうしたアナログな方法でも情報を収集します。そしてその情報を使って、さらなる攻撃につなげるケースもあります。デジタルな方法での攻撃だけでなく、アナログな方法での攻撃へも注意が必要です。

こうしたアナログな方法で攻撃される危険は、私たちの日常のすぐそばに潜んでいます。この章では、「オフィス内」、「オフィス外」、そして「移動中」の3つのシーンそれぞれにどのような危険があり、どう対策すればいいのか解説していきます。

5-1

オフィス内の物理セキュリティ

盗み見や盗難と聞くと、まず外出時のことをイメージする方が多いかもしれません。しかし、実はオフィス内であってもハッカーに情報を盗み見られるリスクがあります。

外出中であれば、機密情報が書かれた書類の扱いにしっかりと気を配る人は多いでしょう。しかし、オフィスの中ではどうでしょうか。周りには会社の人しかいないからと、書類を机の上に放置したまま離席してしまっていませんか？

オフィスであってもお客様や清掃業者、配送業者といった外部の人が入ってくることもありますよね。そしてなにより、ハッカーも情報を盗むために物理的にオフィスに侵入してくるケースがあります。

机の上に機密情報が書かれた書類を放置していれば、簡単に見られてしまい、情報漏えいにつながってしまいます。

この項では、まずハッカーがどのようにしてオフィス内に侵入し、情報を盗むのかを説明します。そして、オフィスに侵入してきたハッカーから情報を守るために、どのような対策をとればいいのかお伝えします。

ハッカーがオフィスに侵入する3つの手口

企業のオフィスは、誰でも自由に入れるものではありません。普通は、部外者であるハッカーがオフィスに勝手に入ることはできませんよね。しかし、ハッカーはさまざまな方法を使ってオフィスに侵入しようとします。

どうやって侵入してくるのか、その手口を3つ紹介します。

1：テールゲーティング（共連れ）

テールゲーティングとは、従業員などの鍵を持っている人がドアやゲートを開けたタイミングでいっしょに中へ入る方法です。こうすることで、ハッカー自身が鍵やIDカードを持っていなくても中へ侵入することができてしまいます。

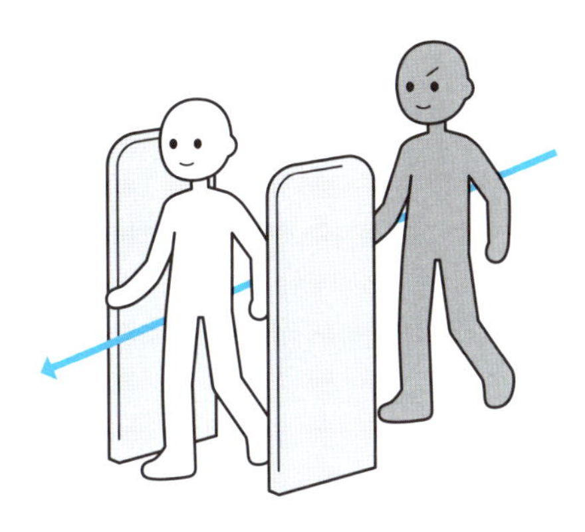

2：別の人になりすまして侵入

別の職業や立場になりすますことでオフィスに侵入することがあります。たとえば、以下のような人になりすまして、警戒心をもたせないようにして侵入するケースが多いです。

侵入する会社の従業員や取引先企業の従業員

どんな社員が在籍しているかや、どこの企業と取引があるかといったことを事前に調べておき、関係者であるかのようにふるまって侵入しようとします。

配送業者

配送業者のスタッフになりすまし、オフィス内に郵便物を届けると偽って侵入しようとします。

設備会社や修理業者

設備会社や修理業者になりすまし、設備の点検や修理を理由に侵入しようとします。ITサポート業者になりすまし、修理と偽ってパソコンを操作しようとすることもあります。

3：IDカードを使って侵入

従業員が落としたものを拾ったり、盗んだりして手に入れたIDカードを使ってオフィスに侵入するケースもあります。

IDカードを拾ったけど、こんな簡単な仕組みだったら複製できるな。
これでオフィスに侵入するだけじゃなくて、複製したカードを別のハッカーに売ってお金にしてもいいかもな！

オフィス内にある情報を盗む手口を知る

ただオフィスに入っただけでは情報は手に入りません。侵入した後、ハッカーはさまざまな方法で情報を盗み取ろうとします。

どのようにして情報を盗むのでしょうか。ここでは、情報を盗む手口を4つ見ていきます。

1. 盗み見る

簡単に目につく場所におかれているものを盗み見ます。以下のようなものは、特に盗み見られることが多いです。

- **ディスプレイに貼られたパスワード**

覚えやすいようにと付箋にパスワードを書いてパソコンの画面に貼っていると、簡単に見られてしまいます。

- **机の上におかれた書類**

重要な書類を隠さずそのまま机の上においていると、書かれている情報を簡単に見ることができてしまいます。

- **機器に貼られたままのWi-Fiパスワード**

Wi-Fiルーターなどの機器にWi-Fiのパスワードがシールで貼られたままになっている場合、簡単に見られてしまいます。

Wi-Fiのパスワードを見られてしまった場合、かなり深刻なセキュリティ事故につながる可能性があるんだ。くわしくは6章で説明しているから、こちらも必ず確認しよう。

- **ロックせずに放置されたパソコンの画面**

パソコンの画面をロックせずに席を離れると、そこに表示されている機密情報を見られてしまいます。

席に座っていても油断は禁物。肩越しにパソコン画面を盗み見てくることもあるんだ。こういう手口をショルダーハッキングというよ。

2. 盗み聞く

ハッカーはオフィス内の会話を盗み聞いていることがあります。従業員同士の打ち合わせや雑談で話している内容に機密情報が含まれていれば、ハッカーに聞かれてしまって情報漏えいにつながります。

3. 物理的に盗む

机の上に放置されているものを盗むこともあります。よく盗まれるのは機密情報が書かれた書類、オフィスに入るためのIDカードや機密情報の入ったパソコンです。

4. 設置する

オフィス内に盗聴器やカメラを設置し、自分がオフィスから出て行った後も情報を継続的に盗めるようにすることもあります。

また、こういった物理的なものだけでなく、ロックされていないパソコンを勝手に操作し、ウイルスを設置して情報を盗み取ろうとすることもあります。

実際にあった事件を知る

物理的に侵入してきたハッカーによる被害はあまり公表されることがありません。なので、耳にする機会がすくないかもしれません。しかし、聞いたことがないからといって他人ごとではありません。実際にこういった手口で情報が盗まれる事件は起きています。本当にあるんだということを知ってもらうために、実際にあった例を1つ紹介します。

ある企業のオフィスにハッカーが侵入しました。そのとき、パソコンをロックせずに席を離れた従業員がいました。ハッカーはそれをいいことにパソコンを勝手に操作し、ウイルスを仕込みました。そのウイルスはパソコンを遠隔操作できるようにするものでした。ウイルスを仕込んだ後オフィスから出たハッカーは、遠隔からこのパソコンにアクセスし、パソコンやネットワーク上の情報を盗みました。遠隔から操作できるので、その後何度も情報を盗むことができました。

パソコンをロックせずにすこし離席しただけで、こういった被害に遭う可能性があります。

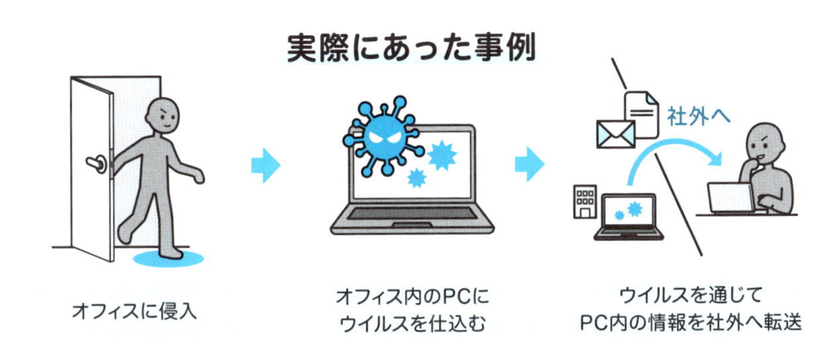

オフィス内にある情報を守るための4つの対策

オフィス内であっても、盗み見や盗難のリスクがあり、油断は禁物です。オフィス内にある情報を守るために、以下の4つの対策を取るようにしましょう。

1：テールゲーティング（共連れ）を防ぐ

テールゲーティングでハッカーがオフィスに侵入するのを防ぐために、後ろに人がいないかしっかりと確認してからオフィスに入りましょう。誰かが後ろにいる場合は、その人にもIDカードを出して認証してもらうなど、いっしょに入らないようにしましょう。

2：施錠を徹底する

オフィスの入口や重要な書類の入った机の引き出し、ロッカーには必ず鍵をかけるようにしましょう。

そもそも入口に鍵がかかっていなければ、ハッカーが簡単にオフィスに侵入できてしまいます。また、ロッカーや引き出しに鍵をかけていなければ、中に入っているものをハッカーに盗られてしまいます。

席を離れるときや終業時はロッカーなどに鍵がかかっているかしっかりと確認しましょう。

3：クリアデスクを徹底する

クリアデスクとは、机の上に大事なものを放置せず、しっかりと管理することです。機密情報が書かれた書類やIDカードなどは簡単に手に取れる場所に放置してはいけません。席を離れるときは机の上を整理整頓し、書類やIDカードをおきっぱなしにしないようにしましょう。

4：離席時は画面をロックする

パソコンをおいたまま席を離れるときは、必ず画面をロックしましょう。すぐにロックすることができるので、画面をロックするショートカットキー「Windowsキー + L」を使うことをおすすめします。(macの場合は「ctrl + command + Q」)

しかし、気をつけていてもうっかりロックを忘れてしまうことがあるかもしれません。忘れてしまったときに備えて、画面の自動ロックも設定しておきましょう。

画面の自動ロックの設定方法

ここでは、Windowsでの自動ロックの設定方法を紹介します。

①「スタート」をクリック

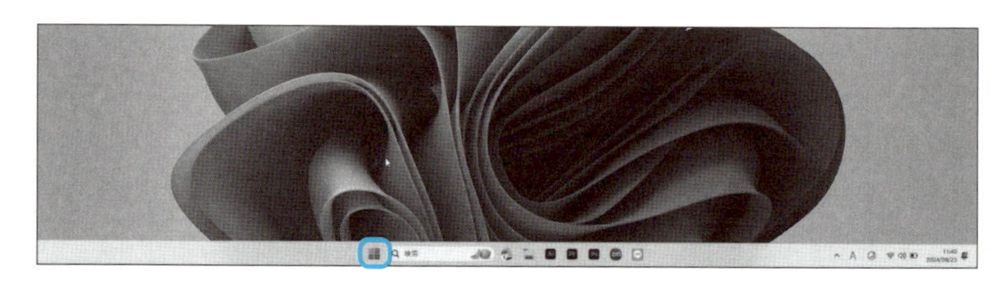

②「設定」を開く

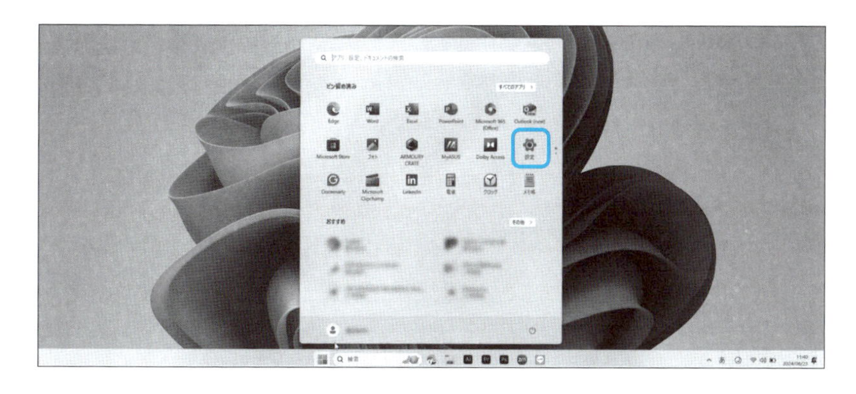

③「個人用設定」をクリック

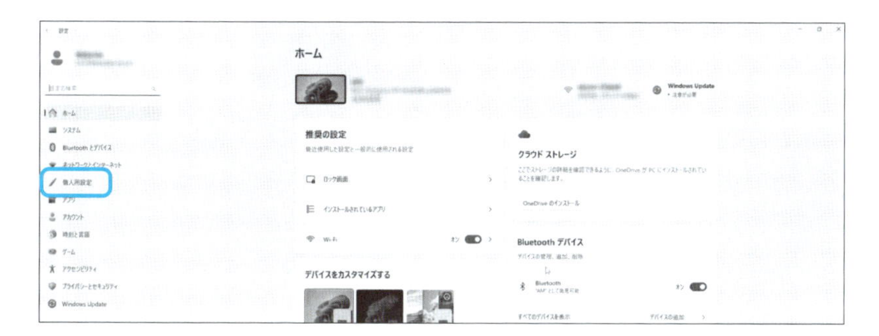

④「ロック画面」をクリック

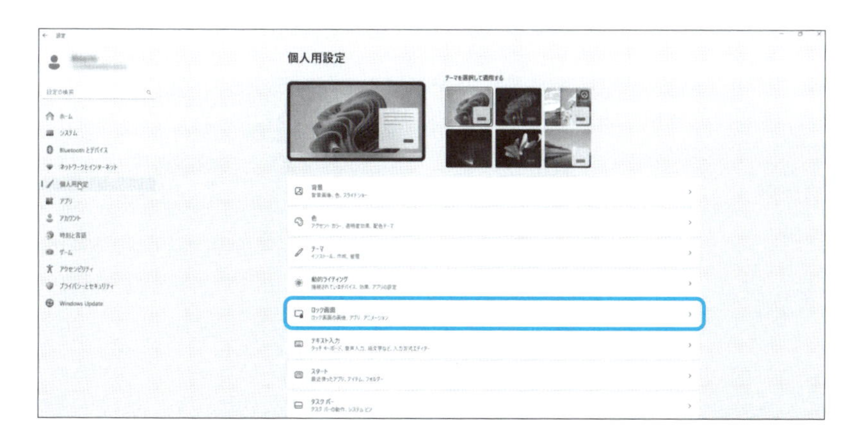

⑤「スクリーン セーバー」をクリック

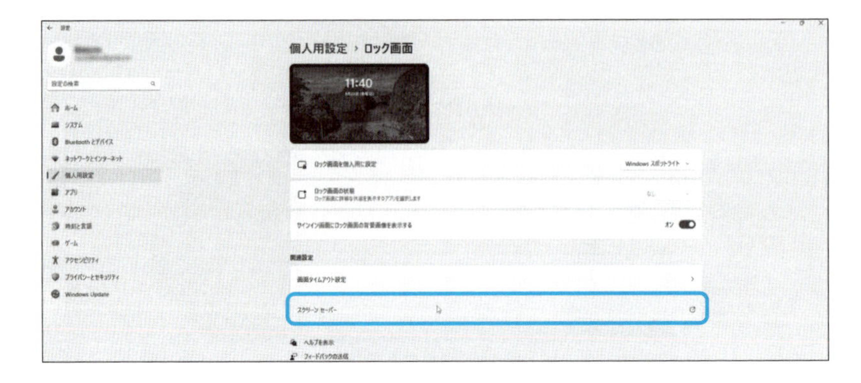

⑥「再開時にログオン画面に戻る」にチェックをつける

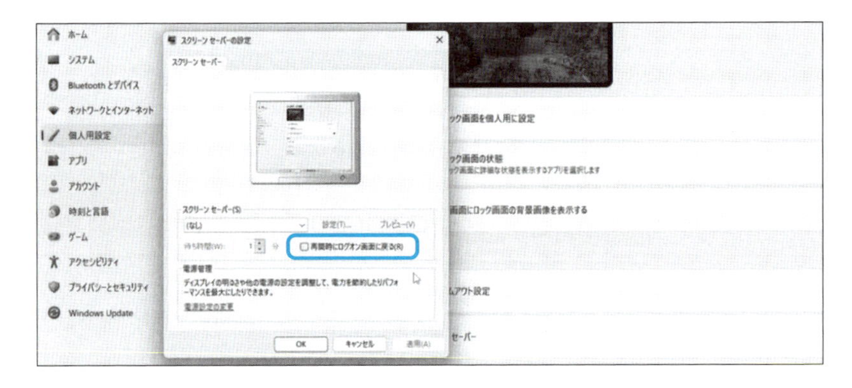

⑦「適用」をクリック

⑧「OK」をクリック

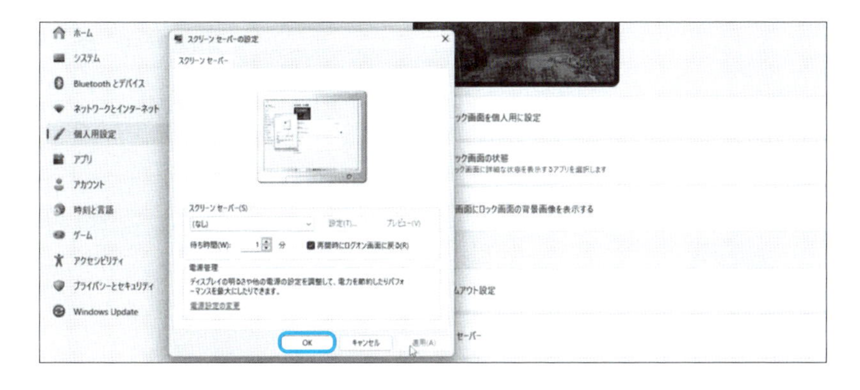

これで画面の自動ロックが設定されました。

⑦の「待ち時間」のところで自動ロックされるまでの時間を設定することができるよ。あまり短いと不便だと感じるかもしれないけど、長すぎると自動ロックの意味がなくなってしまう。長くても5分まででで設定しよう。

Column オフィス内へ侵入せずに情報を盗む「トラッシング」

ここまで、オフィスに侵入してきたハッカーから情報を守るための対策を見てきましたが、オフィスに侵入せず、外においてあるゴミから情報を収集する手口もあります。この手口は「トラッシング」といいます。

業者の人が回収するまで、ゴミを一旦外においておくという会社もあると思います。そういった会社で、機密情報が書かれた書類をシュレッダーにかけずそのまま捨ててしまうと、ハッカーにゴミを漁られて、情報を盗まれてしまうことがあります。

このようなリスクをさけるために、書類を廃棄する際は必ずシュレッダーにかけるなどして情報を読み取れないようにしましょう。また、いらなくなったパソコンやUSBからも情報を収集されることもあります。こういったものを捨てるときは、データを確実に消すか、物理的に破壊してから捨てるようにしましょう。

パソコンのデータの正しい消し方については6章でくわしく説明するよ。こちらもしっかり確認しよう!

やってみよう

みなさんがいつも使っているパソコンで、画面の自動ロックを設定してみましょう。
(やり方:160ページ)

5-2

社外・公共の場所など外出時のセキュリティ

みなさんはオフィスの外で仕事をする機会はありますか？ リモートワークができる会社であれば、カフェで仕事をしている方もいるかもしれません。あるいは、営業で外出しているとき、急な対応が必要になり、近くのカフェやファストフード店でパソコンを開いたことがある人もいるでしょう。

こういった場所で仕事をすると、情報漏えいにつながる危険がたくさんあります。ここでは、社外でパソコンを使って仕事をするときに注意すべき2つの手口と、それぞれに対する対策をお伝えします。

1つ目は「物理的な方法での盗み見」です。ハッカーはあなたのパソコンの画面をいろいろな方法で盗み見ようとしてきます。どうやって盗み見ようとするのか、防ぐにはどうすればいいのか説明します。

2つ目は「Wi-Fiを使った通信内容の解読（特定）」です。公共の場所やカフェなどでは、無料のWi-Fiを使えることがあります。これをなんの対策もせずに使っていると、ハッカーにメールの内容やウェブサイトに入力した内容を見られてしまう危険があります。見られないためにはどうすればいいのか解説します。

では、この2つの手口について順番に見ていきましょう。

物理的な方法での盗み見を防ぐ

盗み見というと、パソコンの画面を横からのぞき込むといったイメージが強いかもしれません。もちろんそういった危険もありますが、それ以外にもハッカーはいろいろな方法でパソコンの画面を盗み見ようとしてくることがあります。

ここからは、パソコン画面を盗み見る手口を紹介した後、盗み見られないようにするための対策をお伝えしていきます。

ハッカーが情報を物理的に盗み見る手口

肉眼(ショルダーハッキング)

ハッカーはパソコン画面を肉眼で直接のぞき見ようとすることがあります。たとえば、カフェで仕事をしているとき、後ろが通路の席だった場合はハッカーが後ろからパソコン画面をのぞき込むことがあります。仕事に集中していると意外と気づかないことがありますが、不特定多数の人がいる場所では、常に盗み見(ショルダーハッキング)の危険があります。

カメラ・望遠鏡

ハッカーはカメラや双眼鏡を使って遠くからあなたのパソコン画面をのぞき見ることがあります。

離れた席からでも、カメラを使ってパソコンの画面を撮影すれば、拡大して内容を確認することもできてしまいます。望遠鏡や双眼鏡を使えば、お店の外からでも画面の内容を鮮明に見ることができます。

盗み見ることができる距離

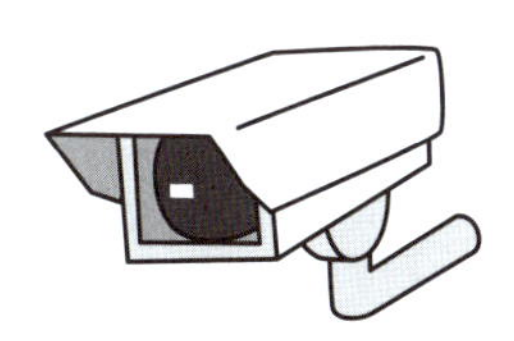

✔ 肉眼	～2m
✔ カメラ	～10m
✔ 高解像度カメラ	～50m
✔ 双眼鏡・望遠鏡	～200m

防犯カメラ

飲食店や公共の場所には、防犯カメラが設置されていることがありますが、ここから情報が漏れることもあります。たとえば、防犯カメラにパソコンの画面が映っていると、警備員に画面に映っている内容を見られてしまいます。警備員がうっかりその内容を別の人に話してしまった場合、情報漏えいにつながってしまいます。

ガラスなどの反射

直接見るだけでなく、反射を利用して盗み見ることもあります。窓際の席に座ればその窓にパソコンの画面が反射して、内容を読み取ることができてしまいます。また、あなたがかけている眼鏡、壁にかかっている鏡などの反射も情報を読み取るのに利用されることがあります。

ハッカーはいろいろな方法で情報を盗み見ようとしてくるんだ。近くに人がいなくても油断は禁物!

Column 音や熱を使って情報を収集する方法

ハッカーは「見る」以外にも、音や熱を使って情報を収集することもできます。どうやって収集するのか、その手口を2つ紹介します。

サーモグラフィ

サーモグラフィとよばれる、熱を感知する装置を使って情報を探ることもあります。たとえば、キーボードに残っている指の体温をサーモグラフィで見ることで、どのキーをどの順番で押したのかを推測して情報を収集しようとします。

マイクロフォン

タイピング音を元に、どのキーが押されたかを特定する方法もあります。どのキーを押すとどんな音が鳴るかをあらかじめ分析しておき、実際に打ち込んでいる音をマイクロフォンで拾うことで、入力内容を予測して情報を収集しようとします。

盗み見を防ぐための３つの対策

では、ハッカーに情報を盗み見られないようにするにはどうすればいいのでしょうか。ここでは、3つの対策を紹介します。

1：背後が壁の席を選ぶ

まず、後ろに誰も立てないように、背後が壁になっている席を選ぶようにしましょう。これで、パソコンの画面を直接のぞかれる心配がぐっと減ります。ただし、背後にガラスや窓がある場合は要注意です。反射でパソコンの画面が見えてしまうことがあります。鏡やガラスなど、パソコンの画面を反射するものが周りにないかも確認しましょう。

近くにあるものだけでなく、防犯カメラの位置にも注意しよう！背後に防犯カメラがあったら、パソコンの画面がカメラに写ってしまうよ。

2：のぞき見防止フィルムを貼る

次に、のぞき見防止フィルムをパソコン画面に貼るのも効果的です。このフィルムを使えば、斜めから見たときに画面が暗くなり、内容が見えにくくなります。ただし、フィルムを貼ったからといって絶対に安心とはいえません。角度によっては内容が見えてしまうので、フィルムを過信しないようにしましょう。

3：重要情報を外で扱わない

一番確実な方法は、そもそも重要な情報を外で取り扱わないことです。どんなに気をつけていても、ハッカーはさまざまな方法で情報を盗もうとすることがあります。大事な情報は外では扱わず、オフィス内でのみ扱うようにしましょう。

Wi-Fiを使った通信内容の解読（特定）を防ぐ

カフェや公共の施設では、公共のWi-Fiを使えることがあります。しかし、これを使っているとき、Wi-Fiを通じて通信内容を盗み見られる危険性があります。

盗み見られるリスクのある条件を具体的にいうと、「公共のWi-Fiを使っている」かつ「暗号化されていない通信を行った」ときです。この条件を満たしてしまうと、以下のような情報をハッカーに見られる危険があります。

- メールの内容
- チャットやメッセージの内容
- ウェブサイトの閲覧履歴
- ウェブサイトに入力した内容
  - ウェブサービスのIDとパスワード
  - 名前、住所などの個人情報
- オンラインバンキングの決済情報

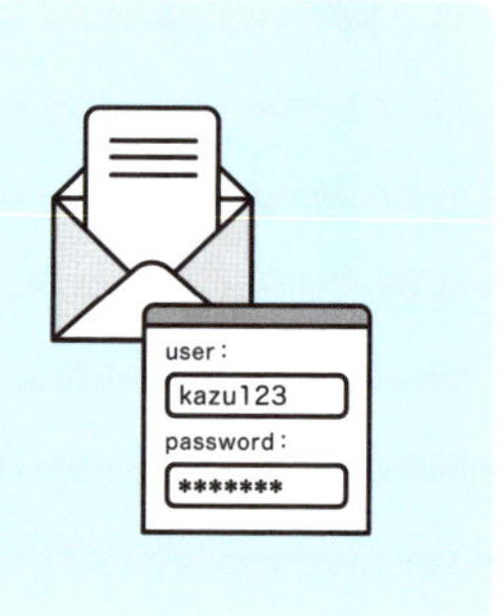

暗号化されていない通信かどうかは、ウェブサイトのURLを見ることで確認できます。

URLの最初が「https」になっているものは暗号化されており、ハッカーに通信内容を解読（特定）されるリスクは大幅に低くなります。「http」になっているものは暗号化されていません。

公共のWi-Fiに接続しているときにURLが「http」から始まるウェブサイトを使うと、通信内容を解読（特定）されて情報を盗まれる危険があります。

https://○○：暗号化された通信

http://○○：暗号化されていない通信

通信内容の解読（特定）を防ぐための2つの対策

では、通信内容を解読（特定）されないためにはどのような対策をとればいいのでしょうか。ここでは、2つの対策を紹介します。

1：公共Wi-Fiを使用しない

まず1つ目の対策は、そもそも公共のWi-Fiを使わないことです。公共Wi-Fiは多くの人が利用できるため、同じネットワークに接続しているハッカーに通信内容を解読（特定）されるリスクが高まります。

外でWi-Fiを使いたいときは、自分のモバイルWi-Fiルーターを使用するか、スマートフォンのテザリング機能を使いましょう。ハッカーとは違うWi-Fiを使うことになるので、通信をのぞき見される可能性がぐっと低くなります。自分で用意したWi-Fiを使い、誰でも使うことができるWi-Fiは使わないようにしましょう。

テザリングとは、自分のスマートフォンのネット接続を利用して、パソコンやタブレットなど他のデバイスをインターネットに接続する方法のこと。スマートフォンをWi-Fiルーターとして使っているようなイメージだよ。

2：暗号化した上で公共Wi-Fiを使う

Wi-Fiルーターがないなど、どうしても公共Wi-Fiを使わないといけないときもあるかもしれません。そのときは、通信を暗号化してから利用するようにしましょう。

どうやって暗号化するかというと、VPN（ブイピーエヌ）を使います。VPNとはVirtual Private Networkの略で、ネットを経由して通信を丸々暗号化する技術のことです。暗号化することで、ハッカーが外から通信の内容を見ようとしても、なにも読み取ることができなくなります。

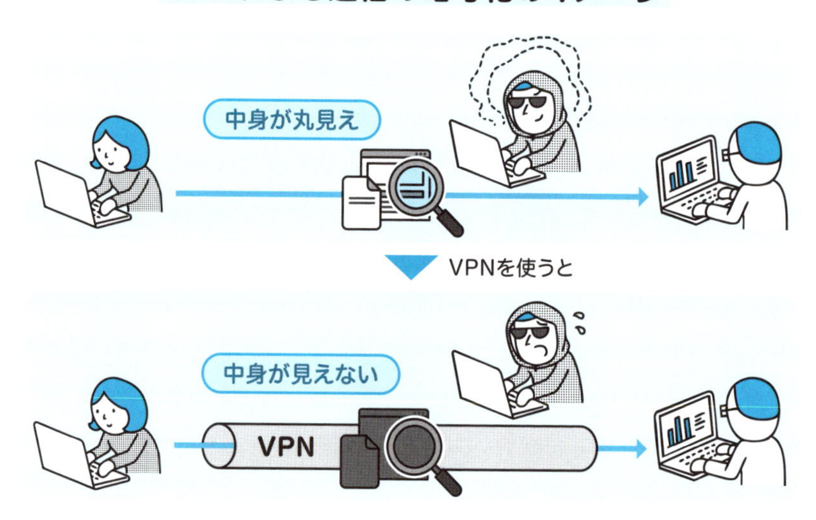

VPNは通信をトンネルの中で行うようなイメージ。トンネルの中は外からだと見えないから、通信がしっかり守られた状態でインターネットを使えるようになるんだ。

Proton VPNの使い方

VPNは特に難しい設定をしなくても使うことができます。簡単にVPNを使えるソフトウェアがあるので、そのダウンロード方法と使い方を紹介していきます。

ここでは、「Proton VPN」というソフトウェアを紹介します。Proton VPNを使用するためにはアカウントが必要になります。アカウントを作成するためにあらかじめメールアドレスを用意しておいてください。

Proton VPNをダウンロードする

①Proton VPNのダウンロードページを開く

https://protonvpn.com/ja/download-windows

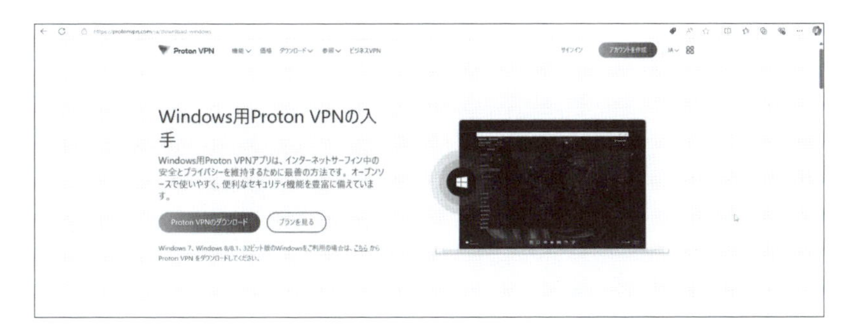

②「Proton VPNのダウンロード」をクリック

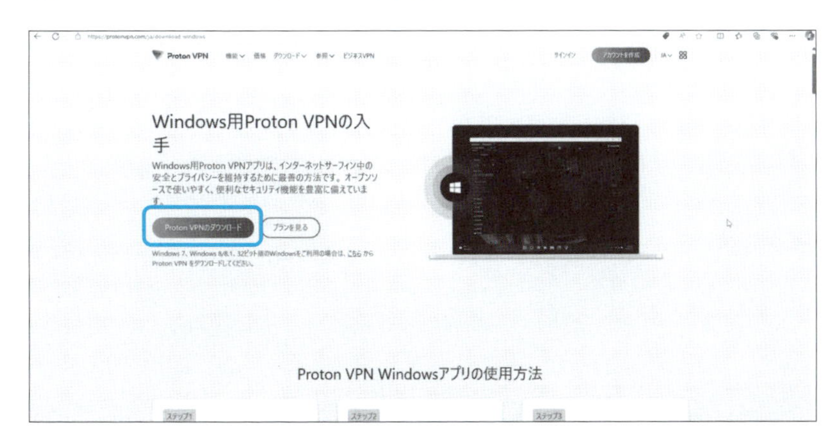

③エクスプローラーからダウンロードしたファイルを確認する

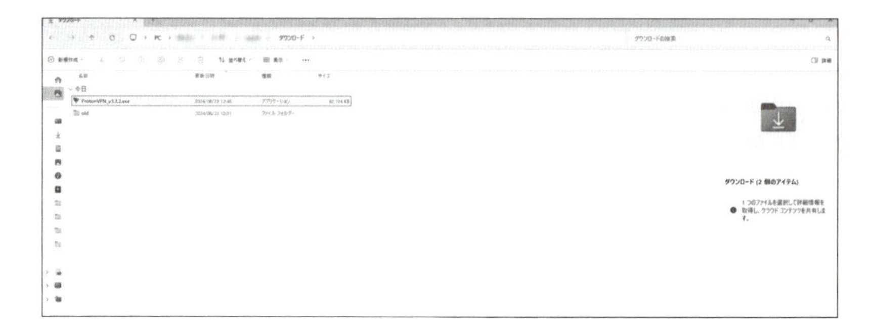

④ダウンロードしたファイルを実行する

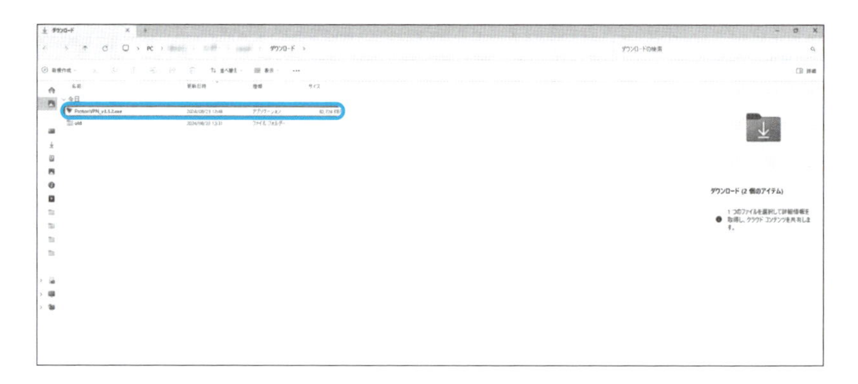

⑤「はい」をクリック

⑥言語を選んで「OK」をクリック

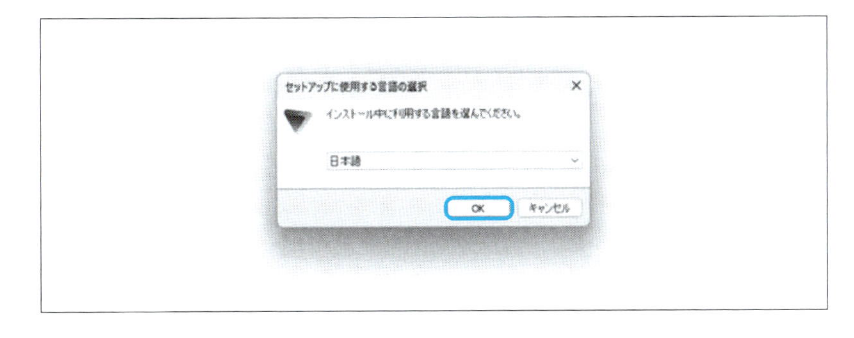

⑦「次へ」をクリック

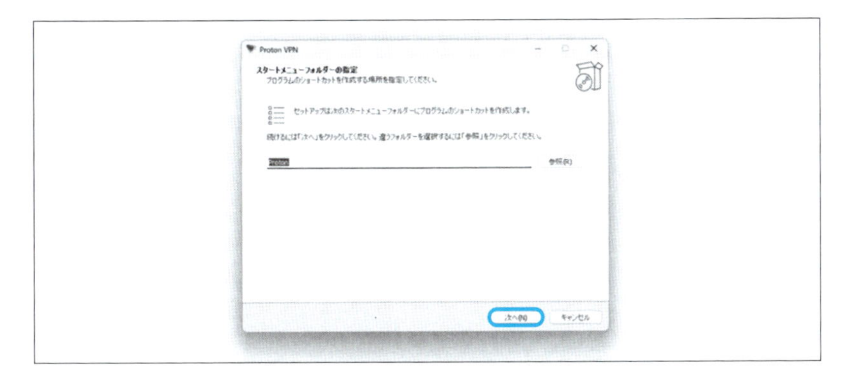

⑧「Proton Driveをインストール」のチェックをはずす

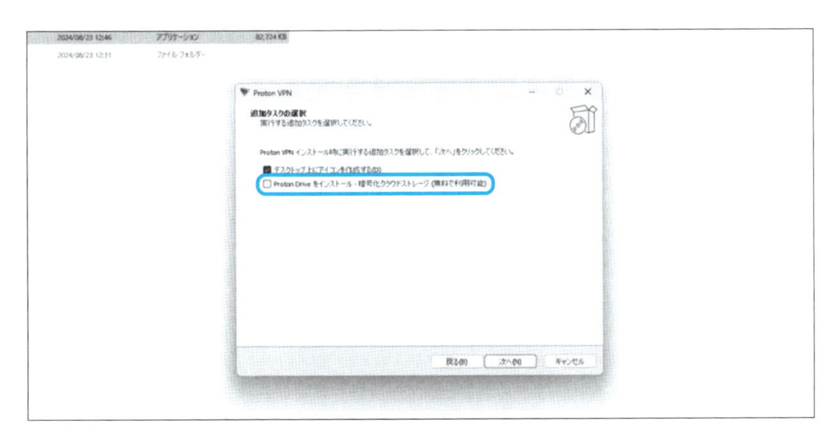

第5章 オフィス内外での物理セキュリティ・モバイルデバイスの管理

⑨「次へ」をクリック

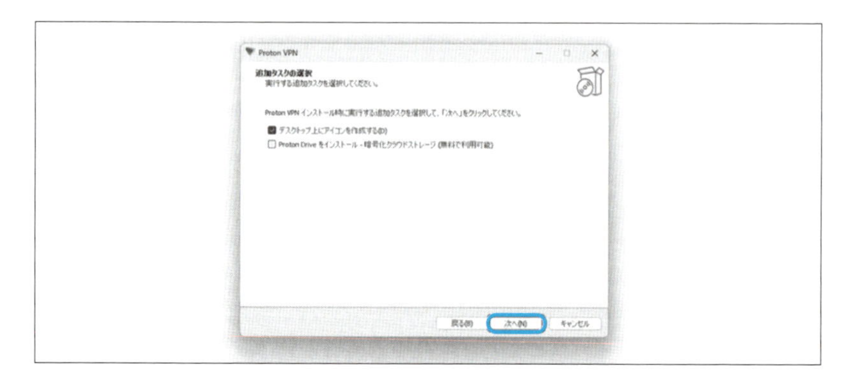

⑩「インストール」をクリック

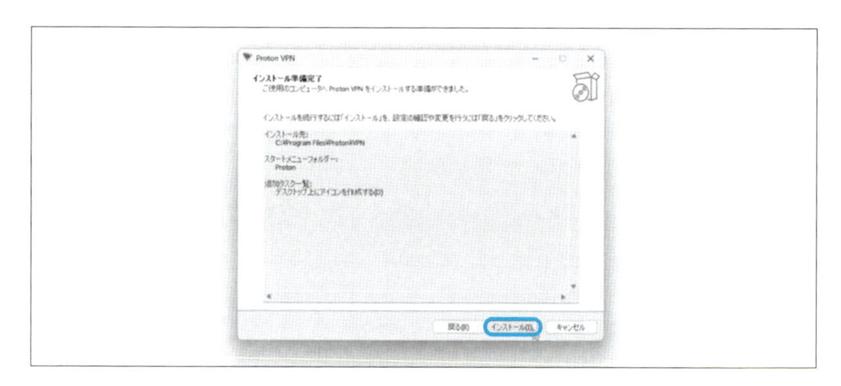

以下の画面が表示されれば、ダウンロードは完了です。

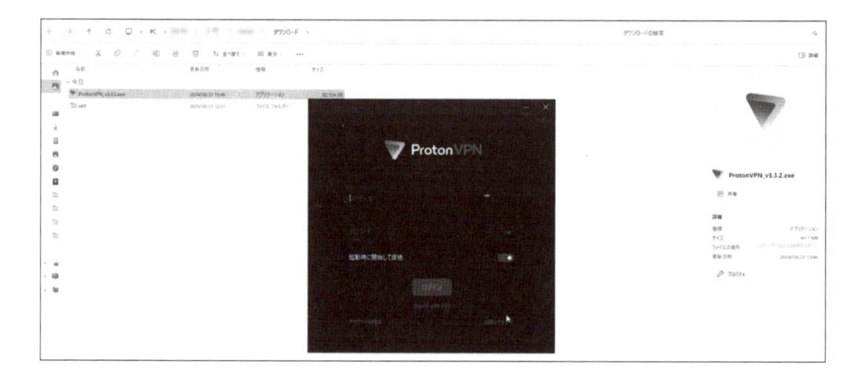

Proton VPNのアカウントを作成する

①「アカウントの作成」をクリック

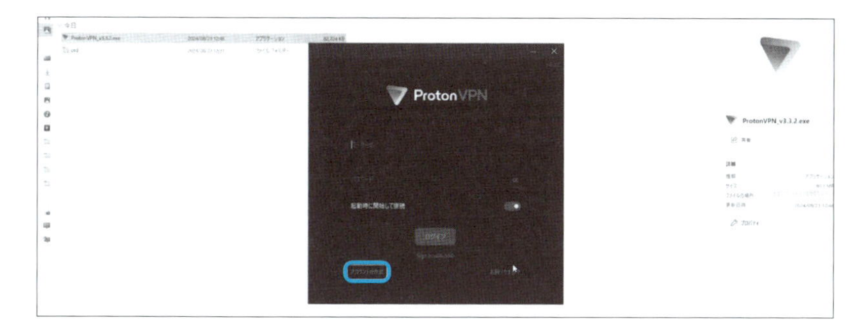

②ブラウザが立ち上がるので「無料でサインアップ」をクリック

③「VPN Freeで続行」をクリック

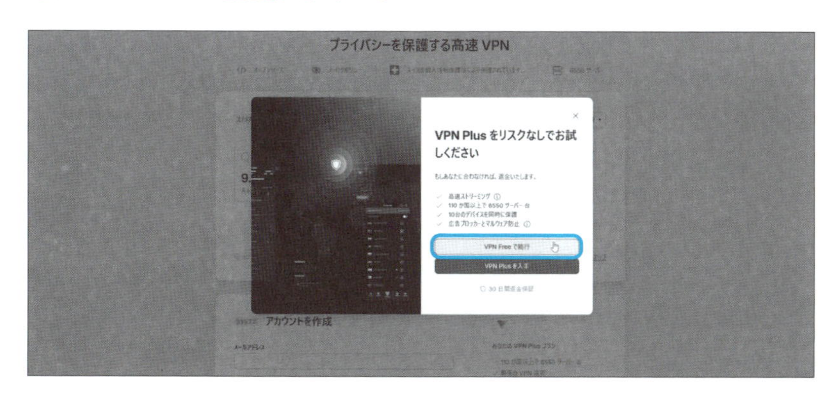

④メールアドレスを入力し「Proton VPNの使用を開始する」をクリック

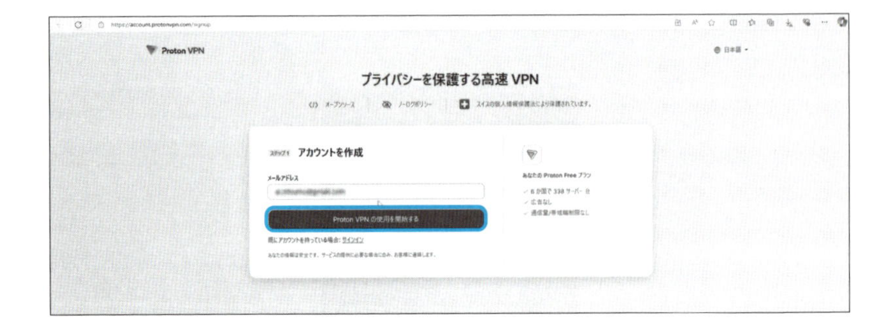

⑤パスワードを設定する

第2章を参考に安全なパスワードを設定しましょう。

ProtonVPNにログインする

①ProtonVPNの画面に戻る

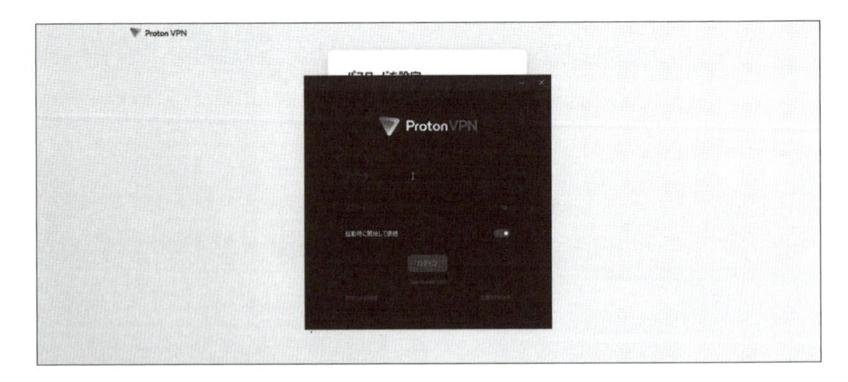

②メールアドレスとパスワードを入力して「ログイン」をクリック

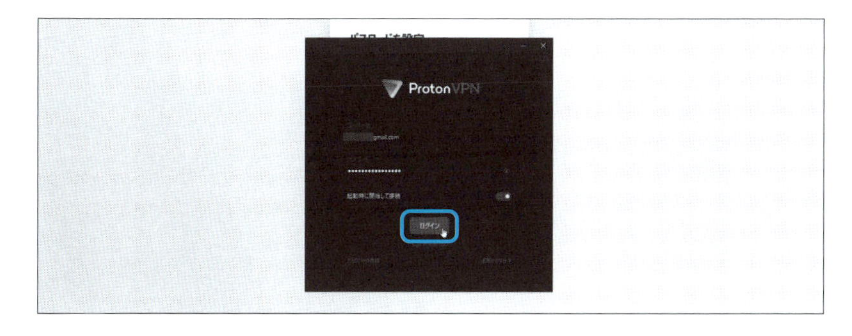

③「スキップ」をクリック

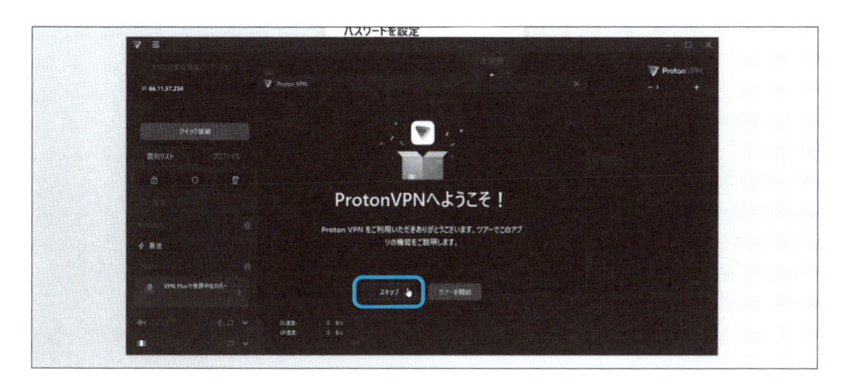

この画面が表示されたらログイン完了です。

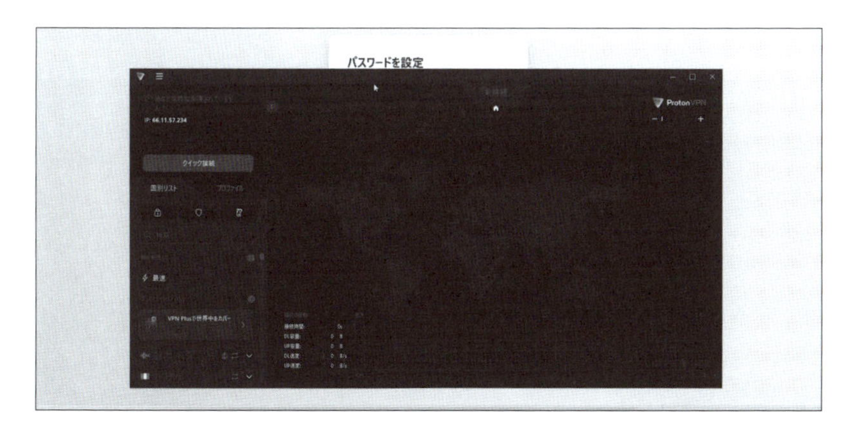

Proton VPNで通信を暗号化する

「クイック接続」をクリック

これで以降の通信はすべて暗号化されます。

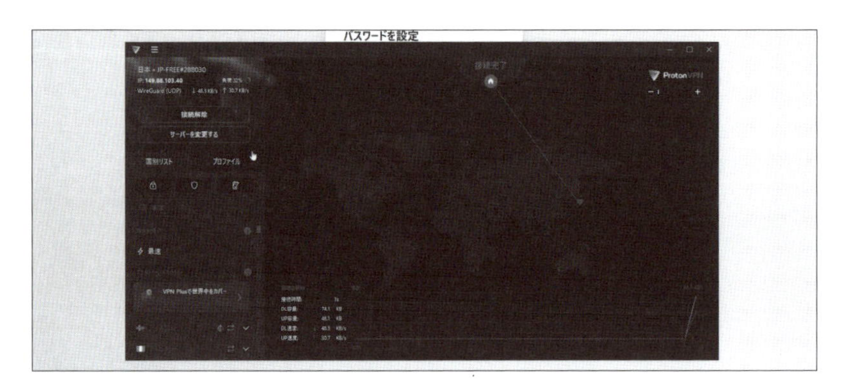

Proton VPNでの通信の暗号化を終了する

「接続解除」をクリック

暗号化通信が終了したらこの画面になります。「×」を押してPrtonVPNを終了しましょう。

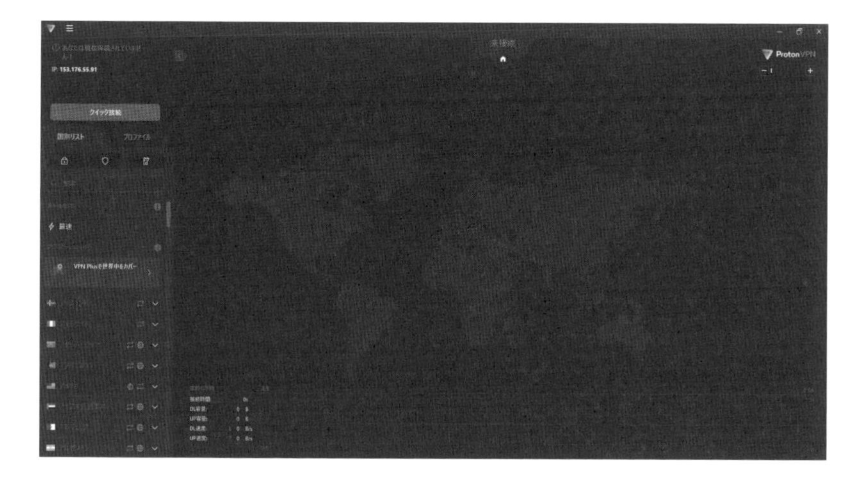

第5章 オフィス内外での物理セキュリティ・モバイルデバイスの管理

5-3 モバイルデバイスの管理、移動中のセキュリティ

出張や通勤、取引先との打ち合わせなど、仕事をするために移動することがあります。このとき、仕事用のノートパソコンやスマートフォンを持ち歩くことも多いでしょう。その中には、お客様の個人情報や取引先との契約内容など、機密情報がたくさん詰まっていますよね。このパソコンやスマートフォンを失くしたり盗まれてしまったりすれば、そこから情報漏えいにつながる危険性が高いです。

中には「パソコンにもスマホにもパスワードロックを設定しているから大丈夫」と思う方がいるかもしれません。しかし、デバイスにパスワードロックを設定していてもハッカーに中の情報を見られる危険があります。

では、どうやって情報を守ればいいのでしょうか？ この項では、デバイスを紛失しない・盗まれないための対策、そして万一デバイスを失くしてしまった場合に備えてなにをするべきなのかについて見ていきます。

パスワードロックを設定していても情報漏えいの危険有り

対策について見ていく前に、どうしてパスワードロックを設定していても情報が盗まれてしまうのかを解説します。

ハッカーはパスワード入力なしで情報を収集するために、専用のツールを使ってパソコンから直接情報を取ることができます。(注)

パソコンには、データを保存するためのハードディスクやSSDなどの記憶媒体が内蔵されています。ハッカーはデバイスを手に入れると、記憶媒

スマートフォンの場合、通常、内部ストレージは暗号化されており直接情報は読みとれません。ただし、暗号化されていないSDカードなどの外部媒体が挿入されている場合、直接情報を取り出せるため注意が必要です。

体を直接読み取ったり、記憶媒体を取り外して別のパソコンに接続したりします。そして、専用のツールを使うことで、記憶媒体の中にある情報を読み取ります。

お！このハードディスクなんの対策もされてないな。
ここから直接情報を盗れるから、パスワードロックなんて怖くないね！

モバイルデバイスの情報を守るための４つの対策

では、どうやってモバイルデバイス内の情報を守ればいいのでしょうか。ここでは4つの対策をご紹介します。

1：肌身離さず持ち歩く

まずは、そもそもデバイスを失くさないようにすることが大切です。たとえば公共交通機関などで席に座るとき、荷物を網棚においてしまうと、盗まれたりおき忘れたりするリスクがあります。移動中は、うっかりどこかにおき忘れたり、盗まれたりしないように、デバイスを肌身離さず持ち歩くようにしましょう。

2：飲酒時は持ち歩かない

飲み会などでお酒を飲む予定があるときは、できるだけモバイルデバイスを持ち歩かないようにしましょう。酔ってしまうと、うっかりお店におき忘れたり、電車の中で眠ってしまい盗られてしまうことがあります。もし飲み会の予定がある場合は、デバイスをオフィスや自宅においておくようにしましょう。どうしても持ち歩く必要があるときは飲酒しないか、デバイスを安全に管理できるように、飲酒量を控えたり信頼できる人と同行するなどの工夫を心がけましょう。

基本的には「お酒を飲むならデバイスは持ち歩かない」を徹底しよう！

3：紛失時に発見・データの消去ができる設定にしておく

デバイスを紛失してしまった場合に備えて、デバイスを素早く見つけたり、離れたところからデバイス内のデータを削除できるような設定にしておきましょう。

ここでは、紛失時に備えてやっておくべきiPhoneの設定について紹介します。「iPhoneを探す」という設定で、これを設定しておくと離れたところからでもiPhoneの位置情報を取得でき、いま探したいiPhoneがどこにあるのか調べることができます。また、誰かにデータを見られないよう、離れた場所からでもiPhoneの中にあるデータをすべて削除することができます。

iPhoneでの設定方法

①「設定」を開く

②「AppleID画面」を開く

③「探す」をタップ

④「iPhoneを探す」をタップ

⑤「iPhoneを探す」をオンにする

これで設定が完了です。

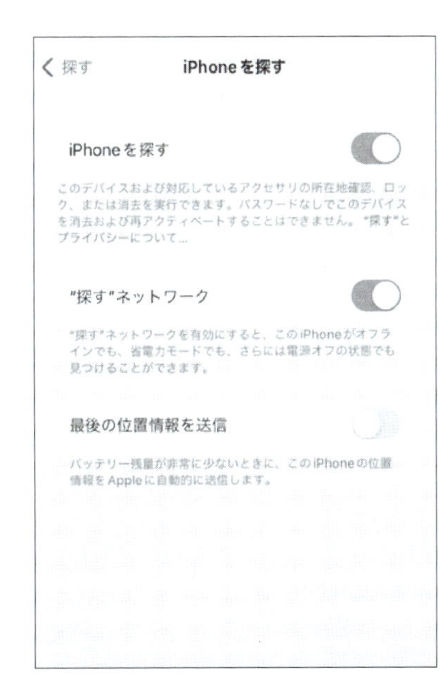

4：デバイスのデータを暗号化する

情報を守るために、デバイス内の情報を暗号化しておくことも有効です。仮にハッカーがパソコンの記憶媒体を取り出して、専用のツールで中の情報を見ようとしても、データを暗号化していれば見られるリスクはぐっと減ります。

イメージとしては、デバイス内の情報を丸ごと金庫に入れて、鍵がないと外からは見ることができない状態にする感じだね。

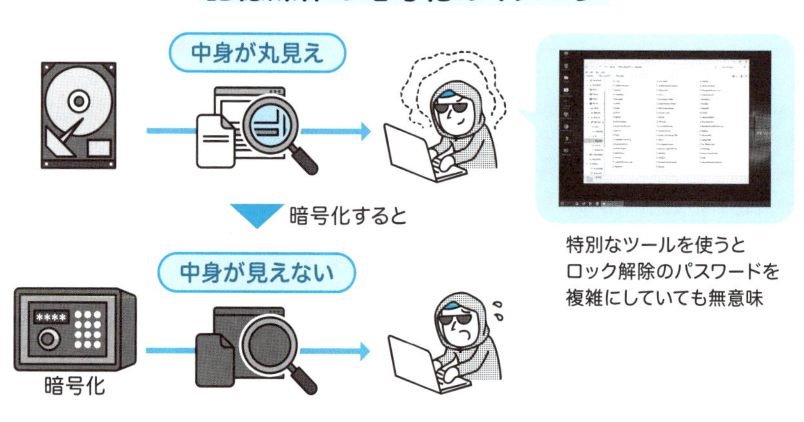

ここでは、Windowsのパソコンのデータを暗号化する方法を紹介します。「BitLocker」というWindowsのProエディション[注]に備わっている、デー

Windowsには「Proエディション」や「Homeエディション」など、機能や用途に応じて分けられた複数の「エディション」とよばれる種類があります。
BitLockerは「Windows Pro」や「Windows Enterprise」エディションに搭載されていますが、Homeエディションには備わっていません。その場合、暗号化には別の暗号化ソフトウェアを利用する必要があります。macでは「FileVault」という暗号化ソフトウェアが利用可能です。

タを暗号化するための機能を使います。

暗号化しても、パソコンの操作性は変わらないよ。いままで通り使うことができるから、ぜひ暗号化しておこう！

BitLockerでパソコン内のデータを暗号化する手順

①エクスプローラーを開く

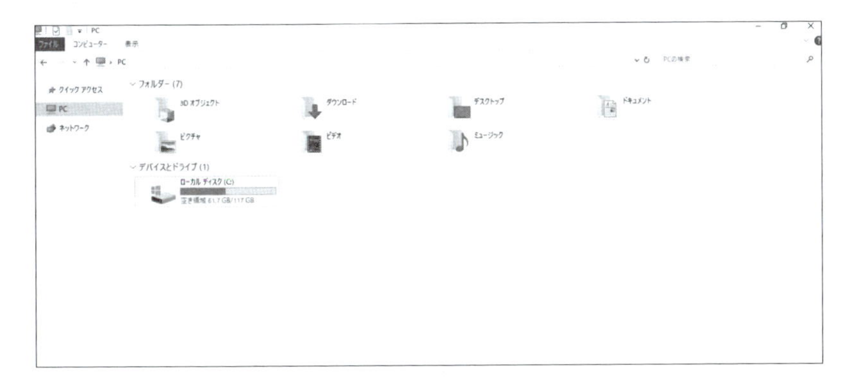

②「ローカルディスク」を右クリック

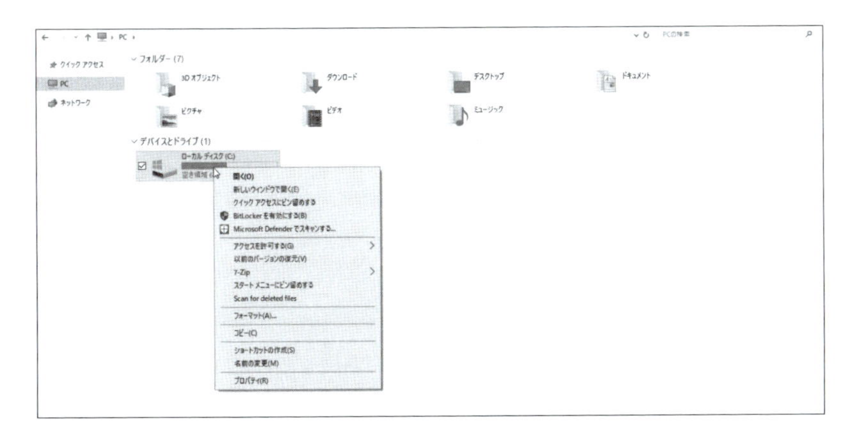

③「BitLockerを有効にする」をクリック

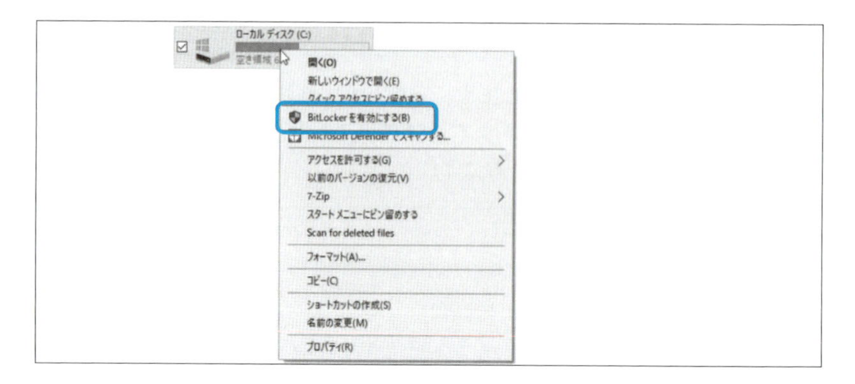

④「Microsoftアカウントに保存する」をクリック

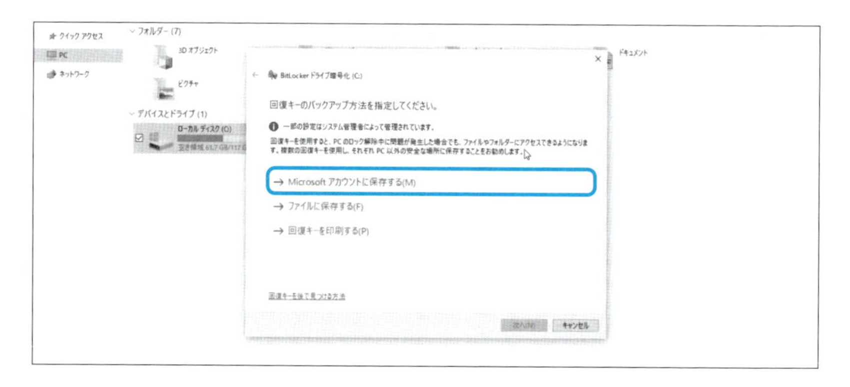

⑤「次へ」をクリック

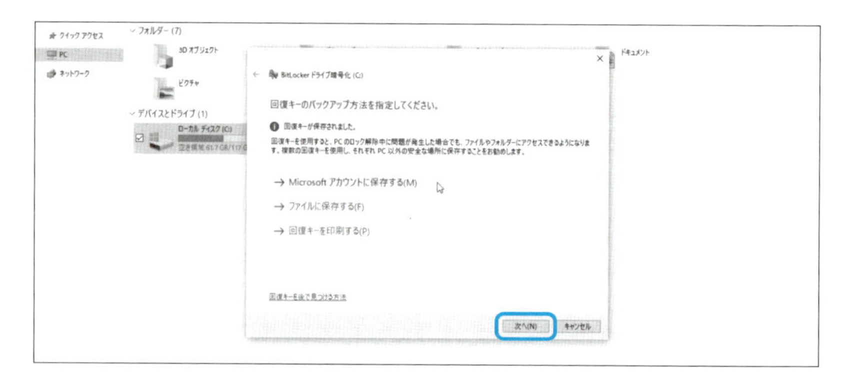

⑥「ドライブ全体を暗号化する」をクリック

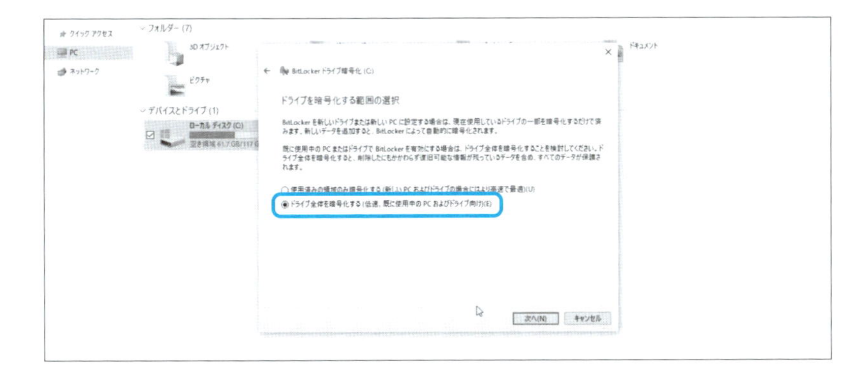

⑦「次へ」をクリック

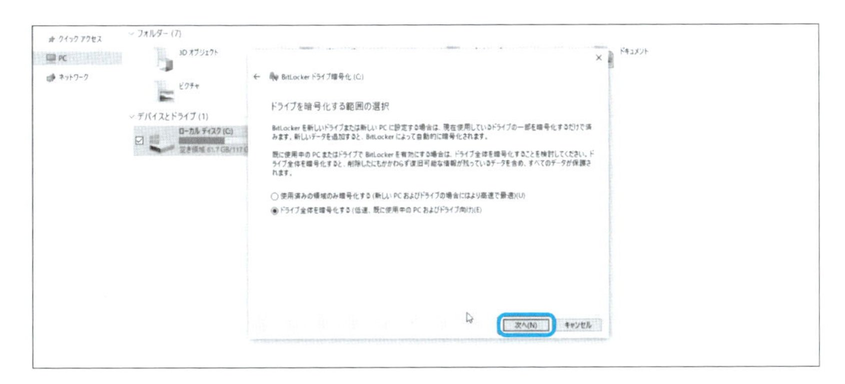

⑧「新しい暗号化モード」が選択されていることを確認して「次へ」をクリック

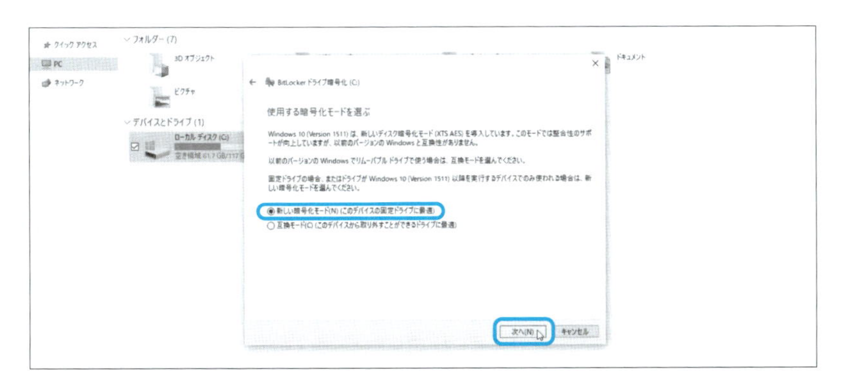

⑨「暗号化の開始」をクリック

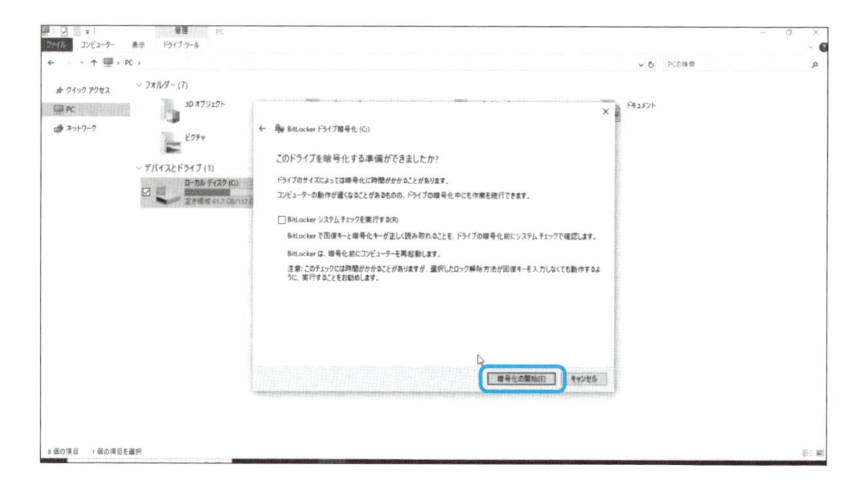

このポップアップウィンドウが出れば暗号化が完了です。
「閉じる」をクリックして閉じておきましょう。

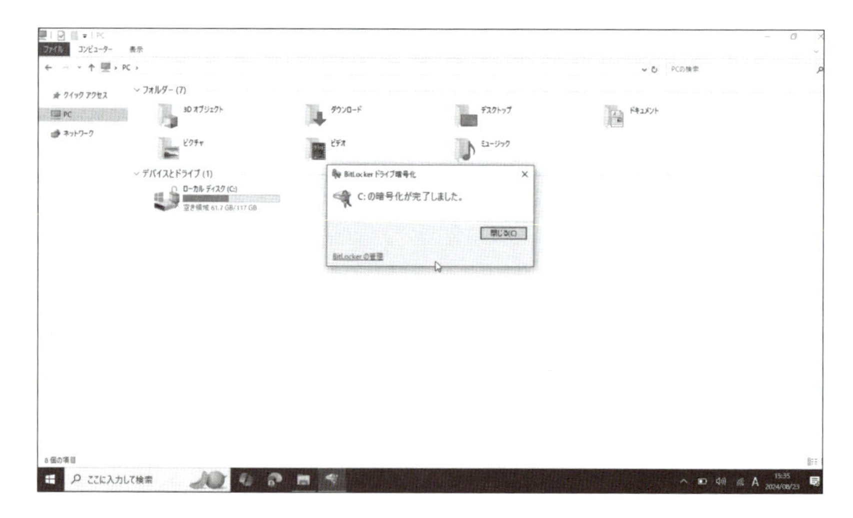

第6章

リモートワーク時のセキュリティ・情報の社外への持ち出し

この章では、「リモートワーク時のセキュリティ対策」、「情報を社外に持ち出す際の注意点」、「外部デバイス使用時のセキュリティ対策」、「パソコン廃棄時のセキュリティ対策」についてお伝えします。

みなさんは、自宅でリモートワークをする機会はありますか？ 週に数日は自宅でリモートワークをしているという方もいれば、ほとんど出社せずフルリモートだという方もいるかもしれません。自宅はプライベートな空間でもあるので油断してしまうかもしれませんが、自宅で仕事をするときにも情報漏えいの危険があります。どのような危険があり、どう対策すればいいのか見ていきます。

次に「情報を社外に持ち出すときの注意点」についてです。会社の情報が入ったパソコンやUSBメモリといった端末・記憶媒体を会社の外に持ち出す機会があると思います。持ち出した端末・記憶媒体を紛失してしまえば情報漏えいにつながることはこれまでにも見てきた通りです。ここでは、こういった情報漏えいのリスクをすくなくするために、持ち出す前にすべきことについてお伝えします。

その次に「外部デバイス使用時のセキュリティ対策」について見ていきます。ここでいう「外部デバイス」とはUSBメモリや外付けハードディスク、マウスやキーボードなどのパソコンに接続して使用する機器のことです。こういった機器を使うときにも情報漏えいにつながるリスクがあります。具体的にどのようなリスクがあるのか、どう対策すればいいのか見ていきます。

最後に、「パソコン廃棄時のセキュリティ対策」についてです。壊れたり不要になったりして、会社のパソコンを廃棄することもあるでしょう。このとき、パソコン内に情報が残ったまま廃棄すれば、そこから情報漏えいにつながる危険があります。ここでは、パソコンを廃棄する前にきちんと情報を消すにはどうすればいいのか解説します。

6-1 リモートワーク時のセキュリティ対策

ここでは、自宅でリモートワークをするときに情報セキュリティの観点から注意すべきポイントを3つお伝えします。

1つ目は「家族からの情報漏えい」です。家族といっしょに暮らしている方であれば、気をつけていないと家族が原因で情報漏えいにつながることがあります。どう情報が漏れるのか、どう対策すればいいのか見ていきます。

2つ目は「Wi-Fiへの不正アクセス」です。自宅でWi-Fiを使用している方も多いと思いますが、ハッカーがそのWi-Fiへ不正アクセスしてくることがあります。その手口と、不正アクセスされないためにどうすればいいのか説明します。

3つ目は「IoT機器への不正アクセス」です。IoT (Internet of Things) 機器とは、一般的に、スマートスピーカーや見守りカメラなどインターネットに接続できる家電のことをいいます。このIoT機器に不正アクセスされることで、情報漏えいにつながることがあります。どのようにして情報が漏れるのか、そしてどう対策すればいいのか見ていきます。

では、この3つについて順番に確認していきましょう。

家族からの情報漏えいを防ぐ

自宅でリモートワークをしている方の中には、家族といっしょに暮らしている方も多いでしょう。家族だからと油断してしまうかもしれませんが、**家族相手であっても情報セキュリティ対策は必要**です。

たとえば、仕事の休憩中に家族のいるリビングに行ったとき。そこで、家族に「さっきの会議でこんな話をしたよ」と何気なく仕事の内容を共有したとします。その話を聞いた家族が、別の日に友人との雑談で「うちの家族がこんな話をしていたよ」とうっかり情報を漏らしてしまうかもしれません。その友人がさらに他の人に話を広めることも考えられますし、もしその友人や友人の家族の中にあなたの競合他社に勤めている人がいたら…。あなたが家族に話した情報が、競合他社に伝わる可能性も出てきます。

情報漏えいを防ぐために：家族にも機密情報は話さない

こうした情報漏えいを防ぐために、**たとえ家族であっても、機密情報は話さない**ようにしましょう。

また、家族から見える・聞こえる場所で機密情報を扱うこともさけましょう。自分から話さなくても、パソコンの画面を家族に見られてしまったり、ウェブ会議で話している内容を聞かれてしまい、情報が漏えいすることもあります。リビングやダイニングのような共有スペースではなく、家族のいるところから離れた個室などのプライベートな空間で仕事をするようにしましょう。

仕事用のパソコンをお子さんに貸していたら、間違えて機密情報の書かれたファイルを開いてしまった…ということも考えられるね。仕事用のパソコンを家族に貸すのもやめておこう。

自宅のWi-Fiへの不正アクセスを防ぐ

みなさんの中には、自宅でWi-Fiルーターを使ってWi-Fiネットワークの環境を構築しているという方も多いのではないでしょうか。実は、こういった環境にも危険が潜んでいます。

ハッカーはWi-Fiネットワークに侵入し、通信内容を解読（特定）しようとしたり、ネットワーク経由でパソコンへ侵入し、パソコン内にある情報を盗み取ろうとします。

遠隔地からでもWi-Fiネットワークに侵入できる

Wi-Fiネットワークに侵入するためにはWi-Fiネットワークに接続する必要があります。

普通、Wi-FiネットワークはWi-Fiルーターの有効範囲内からしか接続することはできません。この有効範囲はルーターが設置されている家の中や、その家の近くに限られることが多いです。では、ハッカーはネットワークに侵入するために毎回ターゲットの家の近くまで行っているのでしょうか？実は、そんなことをしなくてもハッカーは遠隔地からでもネットワークに侵入できてしまいます。

ハッカーはWi-Fiルーターの管理画面に不正アクセスすることで、設定を変えて遠くからでもWi-Fiネットワークに侵入できるようにします。Wi-Fiルーターの管理画面とは、ルーターの設定やルーターが作るWi-Fiネットワーク環境の設定をするための画面のことです。

ハッカーに設定を変えられてしまうと、遠くからでもWi-Fiネットワークに接続できるようになり、みなさんの知らないうちにWi-Fiネットワークに侵入されてしまう可能性があります。

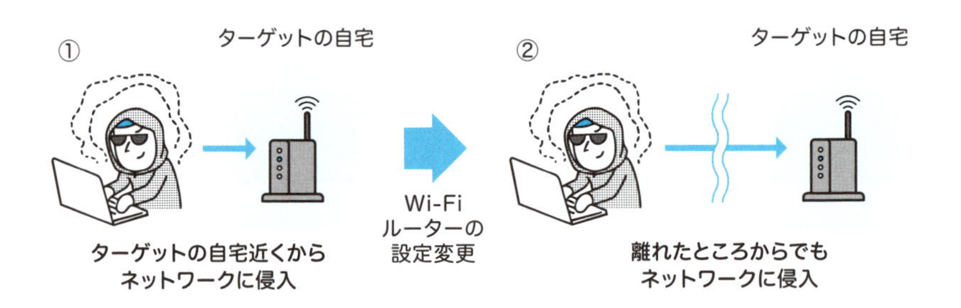

Wi-Fiルーターの管理画面にアクセスする2つの手口

Wi-Fiルーターの管理画面に不正アクセスするとお伝えしましたが、どうやってハッカーはこの管理画面にアクセスするのでしょうか。ここからは、ハッカーがWi-Fiルーターの管理画面へ不正アクセスする手口を2つ紹介します。

1：Wi-Fiネットワークを通じて不正アクセスする

まず1つ目は、Wi-Fiネットワークから Wi-Fiルーターの管理画面へ不正アクセスする方法です。

ハッカーはまずWi-Fiネットワークにアクセスします。そしてそのネットワークを通じてWi-Fiルーターの管理画面にアクセスしようとします。

普通、Wi-Fiネットワークにアクセスするためには「ネットワーク名とパスワード」が、Wi-Fiルーターの管理画面にアクセスするためには「IDとパスワード」がそれぞれ必要になります。ハッカーはこれらを推測して不正アクセスしようとします。

では、ハッカーはどうやってIDやパスワードを推測するのでしょうか。実は、これらのIDやパスワードは簡単に調べることができる場合があります。

Wi-Fiネットワークや Wi-Fiルーターの管理画面にアクセスするためのパスワードが、シールに印刷されてルーター本体に貼られているのを見たことがある方は多いと思います。これらはデフォルトのパスワードで、ルーターの本体だけでなく製品のマニュアルやウェブサイトに記載されていることも多く、ルーターが手元になくても簡単に調べることができてしまいます。

Wi-Fiルーターの機種名からパスワードを調べてみる

パスワードはルーターの機種名さえあれば調べることができます。

今回は、Wi-Fiルーターのパスワードを調べられるサイトを使って、機種名だけで管理画面のパスワードがわかるのか、実際に試してみました。

サイトの検索ボックス内にWi-Fiルーターの機種名を入力します。

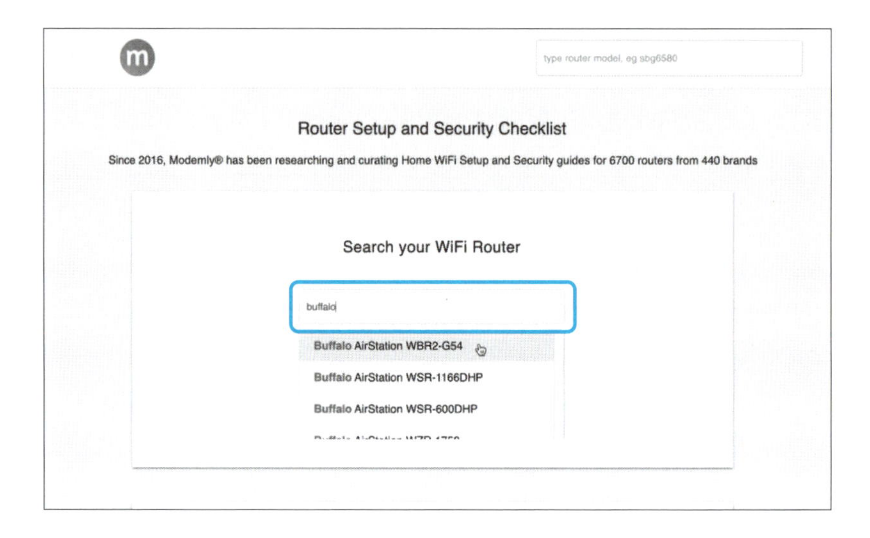

検索すると、ルーターの管理画面のIDとパスワードが出てきました。

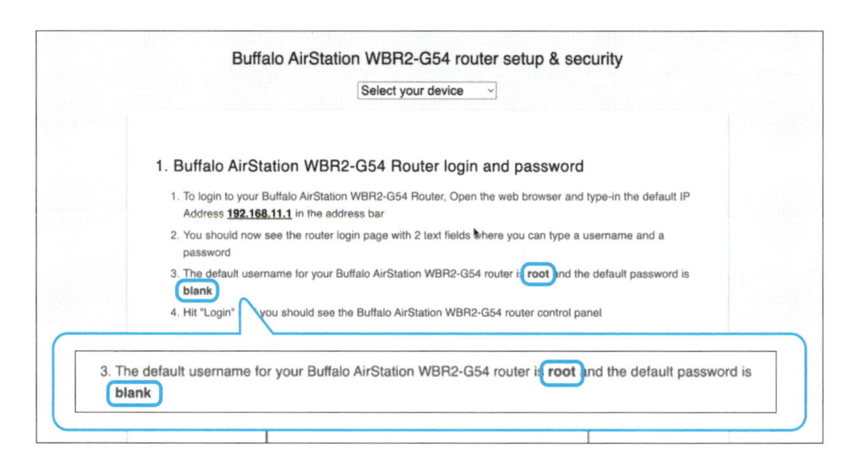

機種名を入力するだけで簡単にパスワードが手に入ったな。
これでルーターの管理画面にアクセスできるようになったぞ。

2：Wi-Fiルーターの脆弱性を悪用して不正アクセスする

次に、Wi-Fiルーターの脆弱性を悪用する方法です。

Wi-Fiルーターには脆弱性がある場合があります。たとえば、2024年にはエレコム製のWi-Fiルーターに複数の脆弱性が発見されたと発表されたこともあります。

これらの脆弱性を悪用されると、直接Wi-Fiルーターの管理画面に不正にアクセスできる可能性があります。場合によっては、IDとパスワードがなくても管理者権限を取得され、ルーターの設定を自由に変更されてしまいます。

Wi-Fiネットワークへの不正アクセスを防ぐ3つの対策

では、Wi-Fiネットワークへの不正アクセスを防ぐためにはどうすればいいのでしょうか。ここでは3つの対策について紹介します。

1：パスワードを推測しにくいものに変更する

Wi-Fiネットワークへアクセスするためのパスワードと、Wi-Fiルーターの管理画面にアクセスするためのパスワードは変更することができます。この2つを推測しにくいものに変更しましょう。

初期パスワードは簡単に調べられてしまうため、変更せずに使っているとWi-Fiネットワークにも Wi-Fiルーターの管理画面にも簡単にアクセスされてしまいます。

「Wi-Fiネットワークのパスワード」と「Wi-Fiルーターの管理画面のパスワード」の両方を忘れずに変更しておこう！

2：Wi-Fiルーターをアップデートする

Wi-Fiルーターをアップデートし、最新版を使うようにしましょう。アップデートすることで脆弱性が修正され、ハッカーから不正アクセスを受けるリスクを減らすことができます。

3：定期的にWi-Fiルーターの設定を確認する

ハッカーから既に不正アクセスを受けていないか確認しましょう。

Wi-Fiルーターの設定のうち、特に以下の3つの機能は悪用されると外部から設定を勝手に変更されたり、ネットワークに侵入されたりするリスクが高まります(注)。通常の利用では不要な機能なので、無効にしておくことをおすすめします。

● リモート管理機能

遠隔地からでもルーターの設定を変更できるようにする機能です。この機能を悪用されると、ハッカーに遠隔からWi-Fiルーターの設定を勝手に変更されてしまいます。

● DDNS（Dynamic DNS）

簡単にいうと、Wi-Fiネットワークに接続された機器に、遠隔から簡単にアクセスできるようにするための機能です。この機能を悪用されると、ハッカーによって外部から簡単に機器に不正アクセスされてしまいます。

● VPN

通信を暗号化し、遠隔地からWi-Fiネットワークに安全にアクセスするための機能です。この機能を悪用されると、ハッカーに遠隔地からWi-Fiネットワークに侵入されてしまいます。

機種によってはそもそも「リモート管理機能」、「DDNS」、「VPN」が無い場合もあります。

万一、これらの機能を自分で有効にした覚えがないのに有効になっている場合は、ハッカーに既に不正アクセスされて設定を変えられている可能性があります。その場合は、Wi-Fiルーターを一旦初期化したうえで以下の2つを変更しましょう。

①Wi-Fiネットワークにアクセスするためのパスワード
②管理画面にアクセスするためのパスワード

初期化の方法がわからない場合は、取扱説明書やメーカー公式サイトを確認してみましょう。

IoT機器への不正アクセスを防ぐ

現在、さまざまな種類のIoT機器が発売されています。特に最近は、AlexaやGoogle Homeのようなスマートスピーカー、赤ちゃんやペットの様子を離れた場所から確認するための防犯カメラ(見守りカメラ)、さらには、スマートフォンでドアの鍵を開け閉めできるスマートロックなど多岐にわたります。みなさんの中にも、こういったIoT機器を使っている方がいるかもしれません。しかし、気をつけていないと、IoT機器から情報が漏れる危険があります。

まずは、ハッカーがどのように攻撃してくるのか見ていきましょう。

ハッカーがIoT機器に不正アクセスする2つの手口

ハッカーはIoT機器に不正アクセスして、情報を収集することがあります。不正アクセスする方法は主に2つあります。

1つは、自宅のWi-Fiネットワークに侵入し、そこからIoT機器に不正アクセスする方法です。IoT機器もWi-Fiネットワークに接続されているため、Wi-Fiルーターとおなじくネットワーク経由で不正アクセスできてしまいます。

もう1つは、IoT機器自体の脆弱性を悪用し、直接不正アクセスする方法です。IoT機器にも脆弱性がある場合があります。脆弱性をそのままにしていると、ハッカーから簡単に不正アクセスされてしまいます。

防犯カメラが不正アクセスされた場合の被害の例

では、IoT機器が不正アクセスされた場合、具体的にどのような流れで、どんな情報を盗られてしまうのでしょうか。ここでは、防犯カメラ（見守りカメラ）を例に説明します。

たとえば、自分が家にいない間のペットの様子を確認するために、リビングに防犯カメラを設置している場合。ハッカーがこのカメラに不正アクセスすると、カメラの映像を見られてしまう危険性があります。

家の中を勝手にのぞかれるのは気持ちのいいことではありませんが、それだけでは済まないこともあります。

もし、カメラの映像に仕事で使っている書類やパソコンの画面が映り込んでいたら…。最近のカメラは画質がいいため、書類の内容やパソコン画面の情報を、ハッカーが読み取ってしまうかもしれません。このように、IoT機器から情報が漏えいする危険性があります。

誰でも防犯カメラの映像を見ることができる

「本当に不正アクセスでカメラの映像を見ることができるの？」と思った方がいるかもしれません。

実は、誰かが不正アクセスに成功した防犯カメラの映像を公開しているサイトがあります（次ページ図1、図2）。このサイトを利用すれば、サイトにアクセスするだけで誰でも簡単にリアルタイムのカメラの映像を見ることができてしまいます。こういったところからも情報が漏えいする可能性があります。

▼図1　住宅街の様子や公共施設内の様子

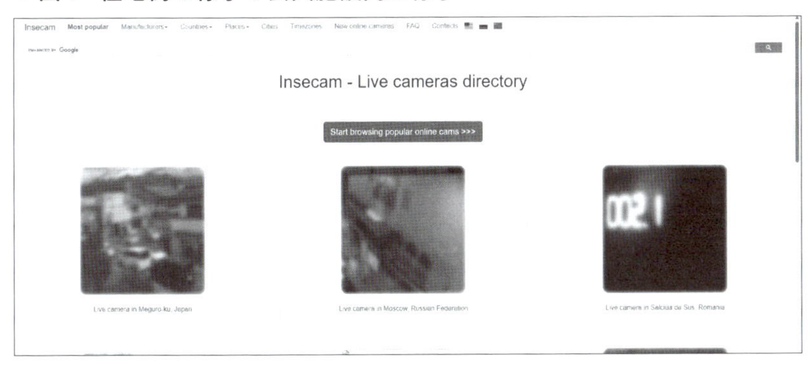

▼図2　どこかのオフィス内の様子

IoT機器への不正アクセスを防ぐ対策「最新版に更新する」

ハッカーによるIoT機器への不正アクセスを防ぐためにも、**Wi-Fiルーターと IoT 機器本体を常に最新版に更新しておく**ようにしましょう。

また、サポート切れの機種を使っている場合は最新版に更新することができません。脆弱性がそのままになり不正アクセスされやすくなるため、サポート切れの機種は使わないようにしましょう。

いまIoT機器を使っていないという方も、もしかすると今後使うことがあるかもしれません。みなさんがIoT機器を使う際は、不正アクセスされる危険性を意識し、最新版に更新するといったセキュリティ対策をしっかり実施するようにしてください。

今回は防犯カメラの映像を見られるという被害を紹介したけど、他にもスマートスピーカーへ話かけた声を盗聴されたり、玄関のスマートロックを勝手に開けられたり…といった被害も考えられるんだ。防犯カメラに限らず、IoT機器を使うときはしっかりセキュリティ対策を取ろう！

6-2

情報の社外への持ち出し

会社の情報が入ったパソコンやUSBメモリなどの端末・記憶媒体を社外に持ち出す、というのは情報漏えいのリスクがあることです。ここでは、そういったリスクへの対策として情報を持ち出すときにやっておくべきことをお伝えします。

情報を社外へ持ち出すときの注意点

営業の外回りのためにパソコンを持ち出す、取引先へのプレゼンのために商品情報の入ったUSBメモリを持ち出すなど、情報の入った端末を社外に持ち出す機会は多くあります。

そのため、ハッカーは会社から持ち出された端末も狙っています。これまでも見てきた通り、持ち出された端末を盗もうとしたり、仕事中のパソコン画面を盗み見ようとしたり…。会社の情報を持ち出すというのは、こういった情報漏えいのリスクと常に隣り合わせです。

情報を社外に持ち出すリスクの例

実際に、情報を社外に持ち出したことで情報漏えいにつながった例があります。

2022年、兵庫県尼崎市で、市から業務を委託された業者が市民約46万人分の個人情報を保存したUSBメモリを外部へ持ち出し、紛失する事件が発生しました。氏名、住所、生年月日などの情報が含まれたUSBメモリの所在が一時的にわからなくなったことで、大きな問題となりました。

情報を持ち出すときは事前に許可を取る

こういったリスクを減らすためにも、情報が入った端末を会社の外に持ち出すときは**決して無断で持ち出さず、必ず上司やセキュリティ担当者などに許可を取ってから持ち出す**ようにしましょう。担当者が「誰がどの情報を持ち出したか」を把握していれば、万一の際にも対応しやすくなります。

ただし、許可を取ったからといって安心はできません。パソコンに会社の重要な情報が入っていることに変わりはありません。盗難を未然に防ぐことができればそれが一番です。持ち出す前に、許可を取ることに加えて次の対策も行いましょう。

- 紛失時に発見やデータ消去ができる設定にする
- データを暗号化する

また、パソコンを持ち歩く際には以下の点にも注意してください。

- 肌身離さず持ち歩く
- 飲酒しない

この4つの対策については5章でくわしく説明しているから、復習のためにもう一度目を通しておこう。

6-3 USBメモリや外部デバイス使用時のセキュリティ

仕事中に、USBメモリや外付けハードディスクなどの外部デバイスをパソコンに接続する機会もあるでしょう。しかし、気をつけていないと、外部デバイスが原因でウイルスに感染することがあります。

ここでは、なぜ外部デバイスからウイルスに感染するのか、そしてウイルス感染を防ぐためにはどうすればいいのかについてお伝えします。

USBポートに挿すだけでウイルスに感染する

外部デバイスは、パソコンのUSBポートに接続して使うことが多いですよね。しかし、「外部デバイスをUSBポートに接続する」ことで、パソコンがウイルスに感染する危険性があります。

ハッカーはUSBメモリや外付けハードディスクなどの外部デバイスにウイルスを仕込むことがあります。ウイルスが入ったデバイスの端子をパソコンに挿すと、それだけでウイルスに感染します。そしてそのウイルスによって、パソコンをハッカーに乗っ取られたり、パソコン内のデータを破壊されたりしてしまいます。

こうした挿すだけで感染が起こりうる攻撃には、Windowsの自動実行機能や脆弱性を悪用するものなどさまざまな手口がありますが、その1つとしてBadUSBという攻撃手法があります。BadUSBとは、デバイスをメモリとしてではなくキーボードやマウスのような入力デバイスとして認識させることで、入力を自動化し、ユーザーの操作を介さずに悪意あるコードを実行できるようにした攻撃です。

このBadUSBを端末に挿すと、ウイルスに感染してしまいます。「USB」と聞くと、長方形の端子を思い浮かべる方が多いかもしれませんが、どのタイプのUSBであってもウイルス感染のリスクがあります。

BadUSBになりうる端子の例

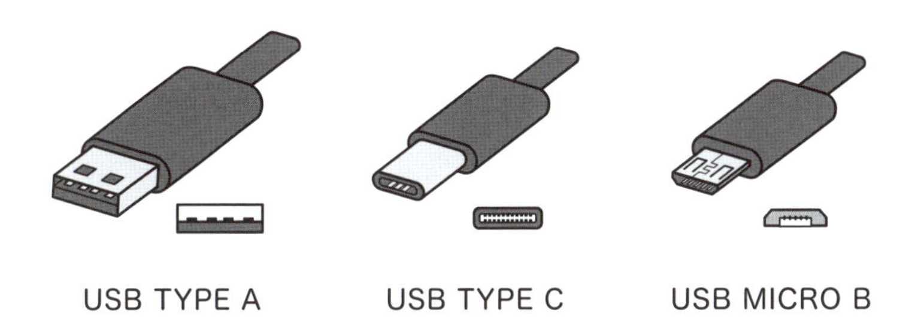

USBメモリを使った攻撃の例

ウイルスを仕込む外部デバイスとしてよく利用されるのがUSBメモリです。USBメモリを用いた攻撃の流れの例を1つ、以下の図で確認しましょう。

USBメモリを使った攻撃の流れの例

①ターゲットの近くにUSBメモリを落とす

②拾う
③パソコンにUSBメモリを挿す
④ウイルス感染（遠隔でパソコンを操作できるように）

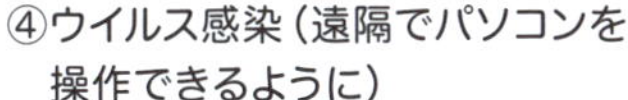

⑤遠隔でパソコンを操作（パソコン内のデータを勝手に見る）

ウイルスを仕込んだUSBメモリを挿させる手口

先ほどの例を見て、「落ちているUSBメモリを挿さなければ感染しないのでは？」と思った方もいるかもしれません。しかし、意外と多くの人が落ちているUSBメモリをパソコンに挿してしまいます。ハッカーは人の心理を巧みに利用して、落ちているUSBをつい拾ってしまうように仕向けます。どう利用するのか、その手口の例を説明するために、まずはBadUSBに関する実験を1つ紹介します。

ある大学のキャンパス内に300個のUSBメモリを落とし、2日間でどの程度拾われて挿されるのかを調べる、という実験です。この実験では、以下の5種類のUSBメモリをそれぞれ60個ずつ落とし、どのUSBメモリが一番パソコンに挿されたのかを調べました。

①ラベルのない普通のUSBメモリ
②「機密」と書かれたラベルを貼ったUSBメモリ
③「期末試験の解答」と書かれたラベルを貼ったUSBメモリ
④鍵束をつけたUSBメモリ
⑤鍵束と連絡先のタグをつけたUSBメモリ

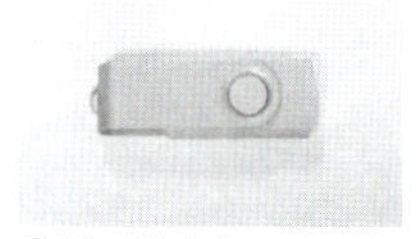

①ラベルなし

②機密ラベル

③期末試験の解答ラベル

④鍵束

⑤鍵束＋連絡先名札

さて、みなさんはどのUSBメモリが一番挿されたと思いますか？

正解は、鍵束をつけたUSBメモリです（実験結果のグラフを参照）。なぜこうなったのかというと、拾った人の親切心を利用したからです。拾った人は「持ち主が鍵を落として困っているのではないか？」と思い、持ち主を探すためにUSBの中身を確認しようとして挿してしまいました。

逆に、連絡先のタグがついたUSBメモリは拾った人が「書いてある連絡先に返せばいい」と考えるので、あまり挿されることはありませんでした。

ハッカーはこの例のように人の心理を利用して、USBメモリをパソコンに挿させようとしてきます。

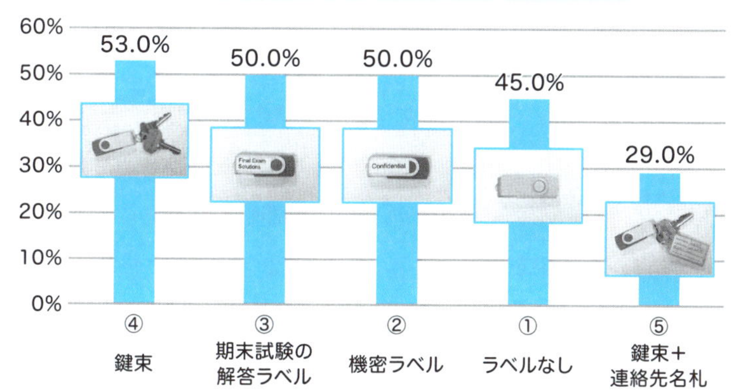

black hat® USA 2016,"DOES DROPPING USB DRIVES REALLY WORK?",Elie Bursztein
https://www.blackhat.com/docs/us-16/materials/us-16-Bursztein-Does-Dropping-USB-Drives-In-Parking-Lots-And-Other-Places-Really-Work.pdf

実際にあったBadUSBによる事件の例

ウイルスを仕込んだUSBメモリを拾わせてパソコンに挿させる手口は実際の事件でも使われています。たとえば2010年におこった、イランの核施設にある核関連機器の稼働を停止させ、核開発を遅延させたサイバー攻撃がこの手口だったという説があります。

まず、ウイルスを仕込んだUSBメモリを核施設の近くに落とします。それを見つけた施設職員が、仕事に関係するデータが入っているかもしれないと考えて、USBメモリを施設のパソコンに挿してしまいました。そのパソコンはウイルスに感染し、施設内の他のパソコンや周辺機器にも感染を広げました。最終的には核制御機器にまでウイルスが入り込み、機器を破壊して稼働停止に追い込みました。

USBメモリを使った手口は実際に使われているんだ。もしかしたら明日、みなさんの会社の前に、ウイルス入りのUSBメモリがおかれているかも。自分にも関係のあるリスクとして、こういう手口があることを知っておこう！

外部デバイスからのウイルス感染を防ぐ２つの対策

USBメモリを例に手口を紹介してきましたが、USBメモリ以外の外部デバイスであってもウイルスが仕込まれている可能性があります。外部デバイスからのウイルス感染を防ぐために、以下の2つの対策を紹介します。

1：USBポートには信頼できるデバイス以外挿さない

パソコンのUSBポートには、信頼できるデバイスと会社から許可されたデバイスのみを挿すようにしましょう。誰のものかわからないデバイスは、安易にパソコンに接続しないでください。

2：クラウドストレージサービスを使う

そもそもUSBポートに外部デバイスを挿す機会を減らすことも有効です。ファイルの移動やデータの移動をする際は、USBメモリや外付けハードディスクではなくクラウドストレージサービスを使うようにしましょう。

どうしてもUSBメモリを使わないといけないというときは、**会社で許可されたUSBメモリだけを使う**ようにしましょう。

やってみよう

みなさんは仕事をしているとき、どんな外部デバイスを使用していますか?
思いつく限りの外部デバイスと、その利用シーンをメモ帳などに書き出してみてください。

6-4

パソコン廃棄時のセキュリティ

パソコンのハードディスクやSSDには、お客様の個人情報や会議資料など、会社の重要な情報が含まれています。会社の情報が入ったパソコンを廃棄するとき、きちんと情報を消さないとハードディスクやSSDの情報を見られてしまう可能性があります。

ここでは、パソコンを適切に廃棄するにはどうすればいいのかお伝えします。

ゴミ箱から削除してもデータは復元できる

「データを全部パソコンのゴミ箱に入れて、ゴミ箱を空にしておけばデータは消えるんじゃないの？」と思う方もいるかもしれません。しかし、そう簡単にデータは消えてくれません。

実は、ゴミ箱を空にして完全にデータを消去したと思っていても、専用のソフトウェアを使えば、すぐに復元できてしまいます。ここでは「Recuva」(注)というソフトウェアを使って、実際にゴミ箱から削除したデータを復元してみました。

「Recuva」は無料で入手できるデータ復元ソフトの1つで、誰でも使うことができます。

Recuvaのダウンロードサイト
https://www.ccleaner.com/ja-jp/recuva/download

ゴミ箱から削除したデータを復元する

今回は以下の「機密文書.txt」というファイルを復元します。

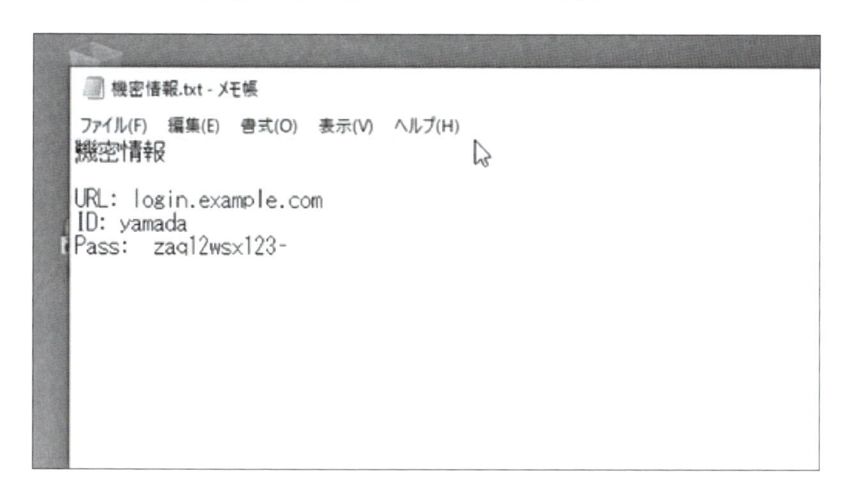

まずはこのファイルをゴミ箱に入れてから、ゴミ箱を空にします。

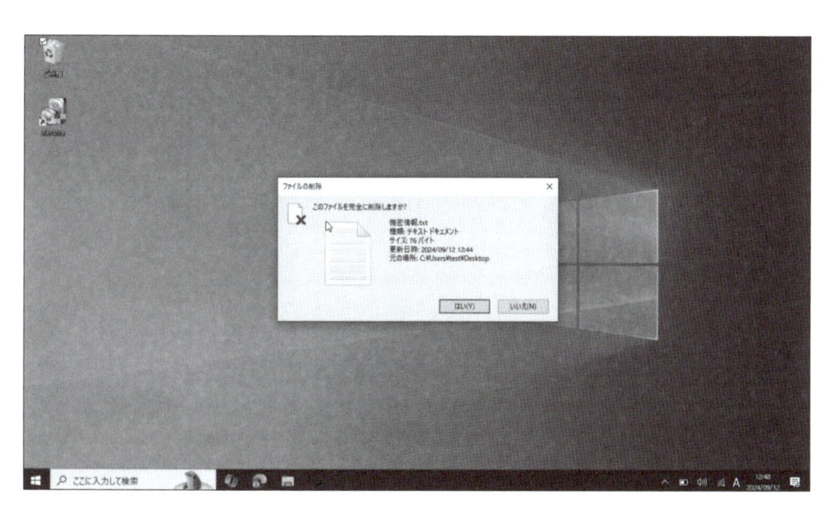

ゴミ箱が空になりました。

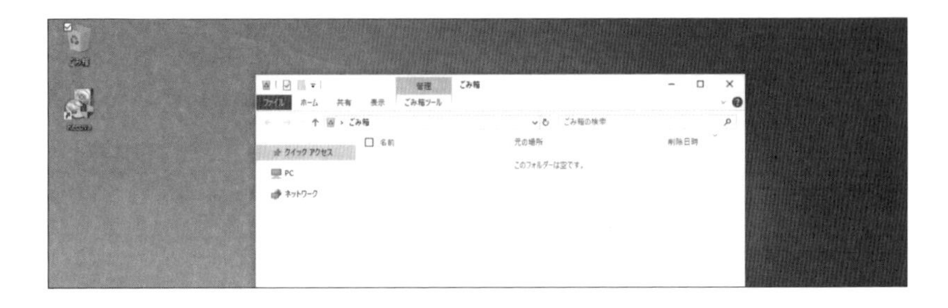

次に、「Recuva」を使います。

このソフトウェアでパソコンのデータをスキャンすると、以下のように復元できるファイルの一覧が表示されます。

つい先ほど削除したばかりなので、直近のものを選んで復元してみます。

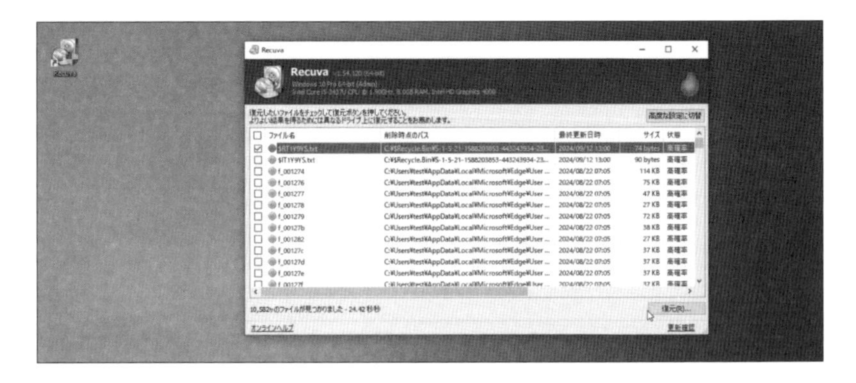

ファイル名は変わっていますが、デスクトップにデータが復元できました。

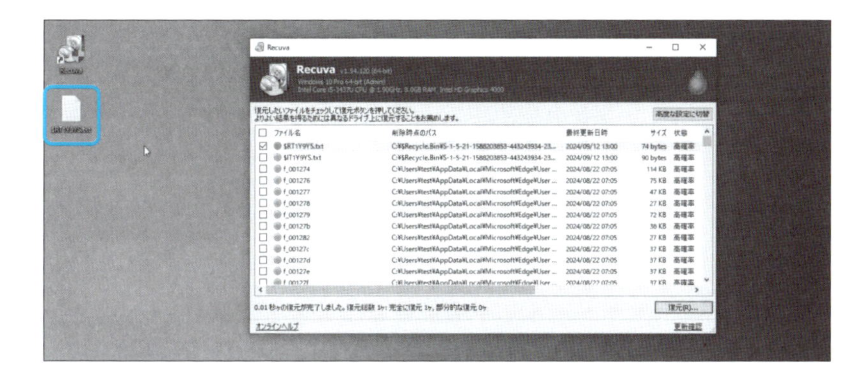

中を確認すると、削除した「機密文書.txt」の内容が復元されています。

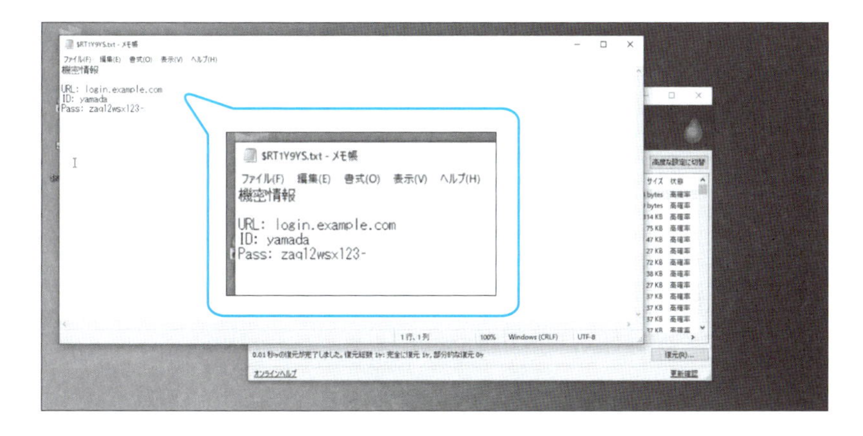

ゴミ箱を空にしておけばデータが消えると思ったら大間違い！
ソフトウェア１つで簡単に復元できるのさ。

廃棄したハードディスクから情報が漏えいした事件の例

実際に、廃棄したハードディスクから情報が漏えいした事件も起きています。

2019年に神奈川県庁が不要になったハードディスクの処分を業者に依頼しました。しかし、業者の社員がこのハードディスクを適切に処分せずにYahoo!オークションに出品してしまいました。

このハードディスクを購入した人が中を確認したところ、住民の個人情報を含むデータを復元し、情報を見ることができてしまいました。

廃棄するパソコンからの情報漏えいを防ぐ２つの対策

廃棄するパソコンからの情報漏えいを防ぐためにはどうすればいいのか、ここでは2つの対策を紹介します。

1：データを完全に削除する

パソコンを廃棄する前に、データを完全に削除するようにしましょう。完全に削除するためには、データを削除するためのツールを使うか、パソコンを初期化します。

ここでは、Windowsのパソコンを初期化するときに合わせて行うべき、データを復元できないようにする設定を紹介します。

①「設定」を開く

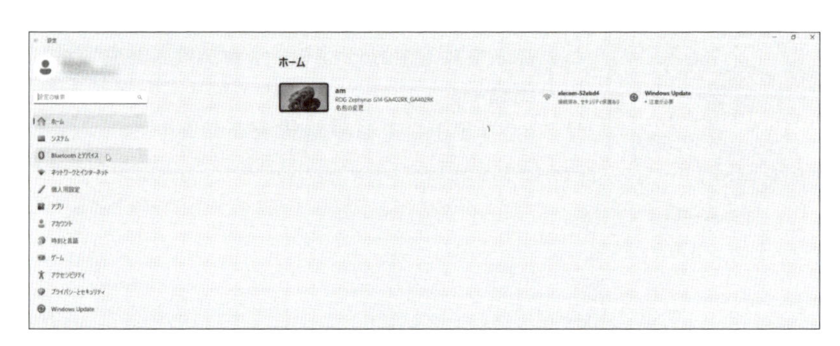

②「システム」をクリック

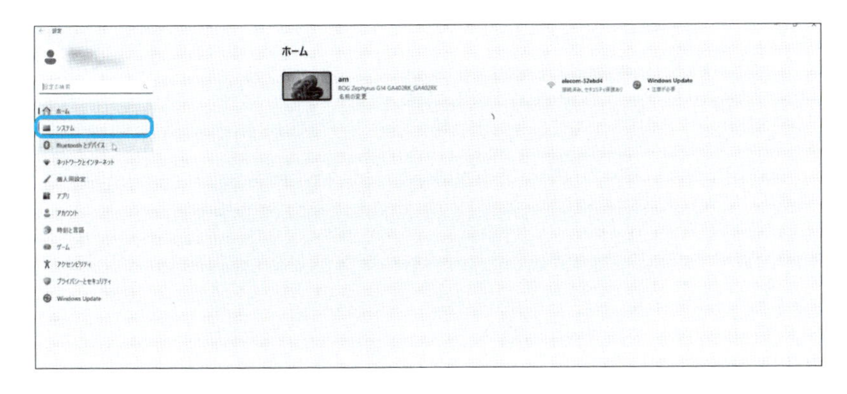

③スクロールして「回復」をクリック

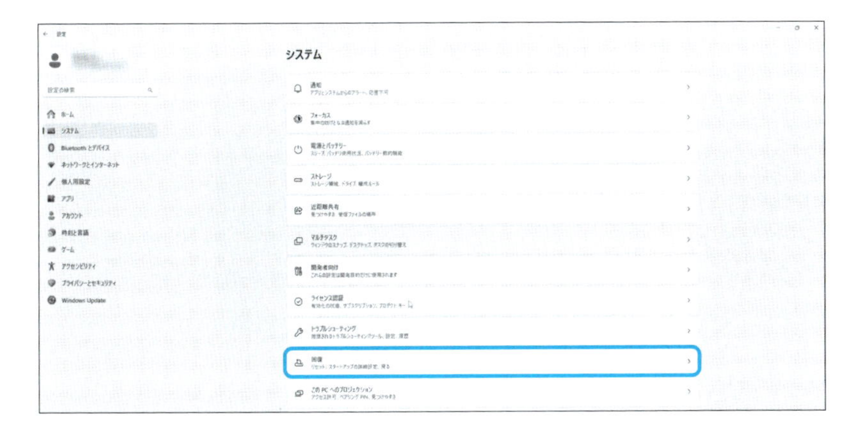

④「このPCをリセット」をクリック

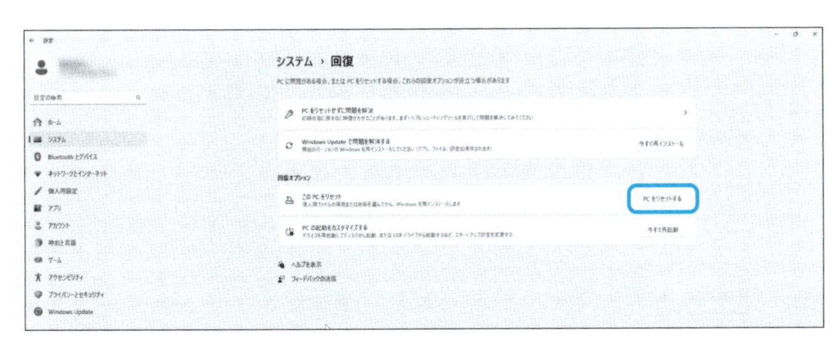

⑤「すべて削除する」をクリック

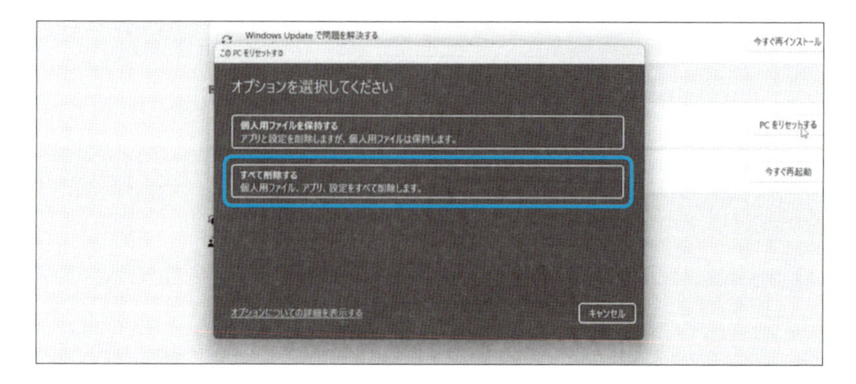

⑥「ローカル再インストール」をクリック

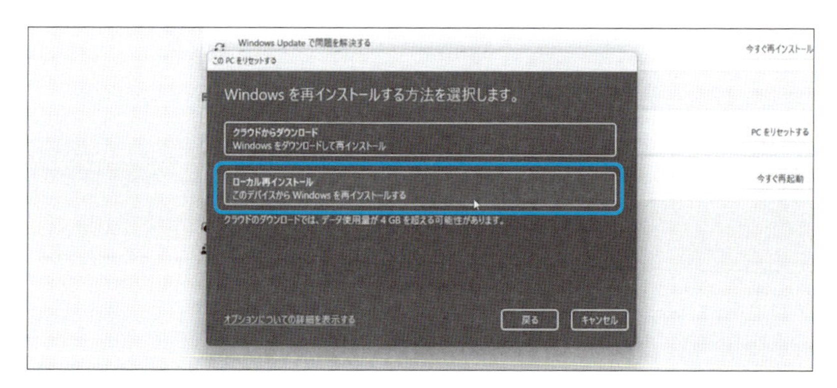

⑦「設定の変更」をクリック

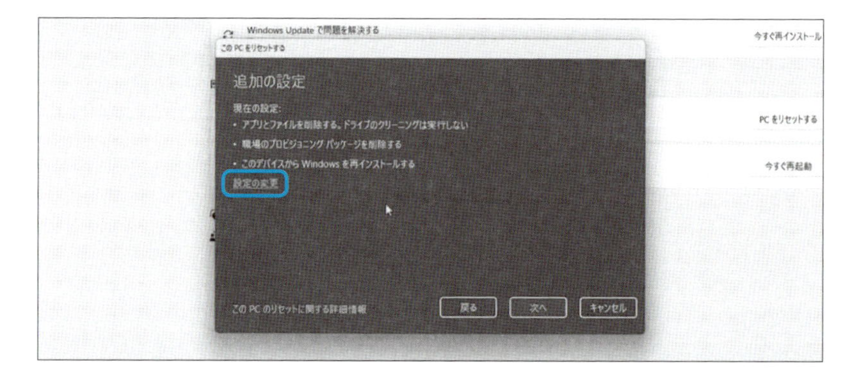

⑧「データのクリーニングを実行しますか？」を「はい」に変更

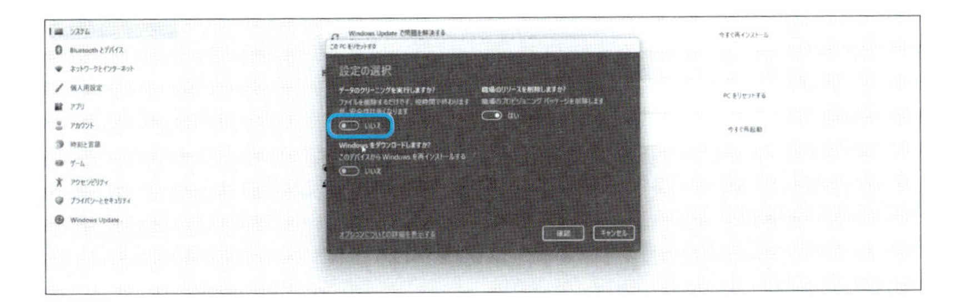

⑨「確認」をクリック

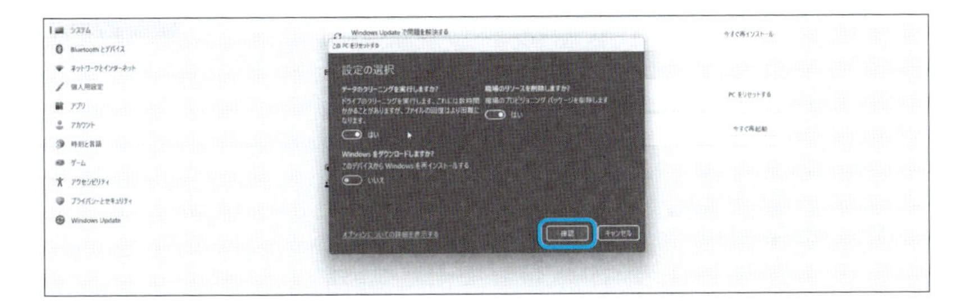

これで設定が完了します。

これを設定したうえで、以降の指示に沿って初期化を進めれば安全にパソコンを廃棄することができます(注)。

2：物理的に破壊する

情報漏えいを防ぐために、ハードディスクやSSDなどの記憶媒体を物理的に破壊してしまうことも有効です。記憶媒体自体を壊してしまえば、情報が復元されることはありません。

macの場合は、ディスクユーティリティから「Macintosh HD」を選択し「Vol. グループを消去」を行うことで安全に廃棄できます。

参考：Appleサポートページ"ディスクユーティリティを使ってIntel搭載のMacを消去する"

https://support.apple.com/ja-jp/102639

第7章

デバイス管理・ファイル共有・セキュリティポリシー

この章では、「デバイス管理」、「ファイル共有」、「セキュリティポリシー」についてお伝えします。

まず、「デバイス管理」についてです。ここでいう「デバイス」とは、主に仕事で使うパソコンのことです。最近は、さまざまな働き方が可能になり、会社から貸し出されているパソコンだけを使って仕事をしている方だけでなく、個人のパソコンを使って仕事をしている方もいるかもしれません。
ここでは、こういった仕事で使うパソコンの扱い方に関する注意点について説明します。

次に「ファイル共有」についてです。社内の人へファイルサーバを使ってファイルを共有したり、社外の人へクラウドストレージを使ってファイルを共有したりといったことを日常的にしている方も多いでしょう。この「ファイルを共有する」とき、注意していないと情報漏えいにつながる危険があります。
どうして情報漏えいにつながるのか、なにに気をつければいいのかについて見ていきます。

最後に、「セキュリティポリシー」についてです。セキュリティポリシーとは、会社の規則のうち、セキュリティに関する内容に特化したものです。みなさんは自社のセキュリティポリシーを読んだことがありますか？ セキュリティポリシーとはどんなもので、なぜ必要なのかお伝えします。

業務用デバイス・アカウント利用時のセキュリティ

みなさんの中には、会社から仕事用のパソコンを貸し出されている方もいれば、会社の制度により、個人のパソコンを仕事で使っている方もいるかもしれません。

どちらの場合であっても、きちんと対策せずに使っていると情報漏えいにつながるリスクがあります。

ここでは、「会社からパソコンを借りている場合」と、「個人のパソコンを仕事で使っている場合」それぞれの場合にやっておくべきセキュリティ対策をお伝えします。

会社からパソコンを借りている場合のセキュリティ対策

まずは、会社から仕事用のパソコンを貸与されている場合に、そのパソコンを使うときにやっておくべきセキュリティ対策を3つ紹介します。

1：仕事用のパソコンを私物化しない

まず、会社から借りている仕事用のパソコンを私物化することはやめましょう。

働き方が多様になり、仕事用のパソコンを家に持ち帰ることがあるかもしれません。そのときに、仕事用のパソコンで個人的なものを買うために通販サイトを開いたり、動画サイトで映画を見たりといったことはやめましょう。

プライベートでパソコンを使う場合は別のパソコンを用意し、仕事とプライベートでパソコンを分けるようにしましょう。

2：仕事用のアカウントを私的利用しない

仕事用のアカウントを個人的な目的で使用することもやめましょう。

たとえば、会社から仕事用のメールアカウントが用意されている方もいるでしょう。この会社のメールアドレスを使って個人的な内容をやり取りしてはいけません。

個人的な内容をやり取りする場合は、個人のアカウントを使うようにしましょう。

3：個人で購入したソフトウェアを転用しない

みなさんが個人で購入したソフトウェアを仕事で使用することはさけましょう。こうした行為は、ソフトウェアの規約違反になる場合があります。

多くのソフトウェアは個人利用と商用利用で利用規約が異なるため、個人利用として購入したソフトウェアを仕事で使用すると、商用利用になるため規約違反となることがあります。

ソフトウェアは使用目的に応じた規約を守らないといけないもの。規約違反を防ぐためにも、個人で買ったソフトウェアは仕事では使わないようにしよう。

個人のパソコンを仕事で使う場合のセキュリティ対策

次に、個人のパソコンを仕事で使う場合のセキュリティ対策をお伝えします。

具体的な対策を紹介する前に、ここで知っておいてほしい用語を1つお伝えします。「BYOD(ビーワイオーディー)」(Bring Your Own Device)という言葉で、「個人の端末を業務に使用する形態」のことです。最近では、BYODを導入している企業も増えています。

BYODを取り入れることで、企業側には端末を用意するコストの削減というメリットが、従業員側には慣れた端末で仕事ができて利便性が上がるというメリットがあります。

ただ、メリットだけではありません。同じパソコンを仕事でもプライベートでも利用するので、情報漏えいにつながるリスクが高くなります。

BYODで情報漏えいにつながった例

実際に、BYODにより情報漏えいにつながった例もあります。2020年にNTTコミュニケーションズで不正アクセス事件がありました。従業員が個人のパソコンを仕事でもプライベートでも使っていたところ、ウイルスに感染しパソコンをハッカーに遠隔操作されてしまいました。この社員はリモートワークをするために、自宅にある自分のパソコンから会社内にあるパソコンにアクセスできるように設定していました。ハッカーはその社員のパソコンを操作することで会社内にあるパソコンにアクセスし、さらにそこから会社のネットワークにも不正アクセスしてファイルサーバ内の情報を盗みました。

BYOD端末が原因の実際にあった事件

NTTComの不正アクセス事件（2020年）

① 従業員のBYOD端末がウイルス感染し不正操作される

② 会社のリモートデスクトップ経由でネットワークに侵入

③ 会社のファイルサーバに不正アクセスされ情報漏えい

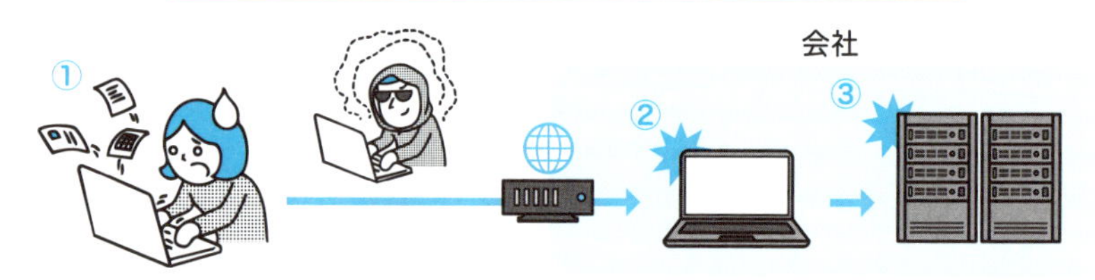

個人端末の業務利用による情報漏えいを防ぐ２つの対策

こういった情報漏えいのリスクを小さくするために、以下の2つの対策を実施しましょう。

1: 連絡用のアカウントは個人用と仕事用で分ける

まず、連絡用アカウントは個人のものと仕事のものとで分けるようにしましょう。同じアカウントを使っていると、誤送信のリスクがあります。

たとえば、個人で使っているLINEアカウントを仕事でも使っている場合。仕事中に取引先へ送るはずだった内容を間違って友人に送ってしまう可能性があります。

誤送信してしまえばそこから情報漏えいにつながることも。アカウントを分けることで、パソコン自体は同じでも送信先を間違えることはなくなり、誤送信による情報漏えいを防ぐことができます。

2: パソコンのセキュリティ対策を強化する

次に、情報漏えいのリスクを下げるために、個人所有のパソコンであっても、業務で使うパソコンと同じレベルのセキュリティ対策を実施しましょう。

具体的には、以下の5つのセキュリティ対策を行うようにしてください。

- パスワードの強化（2段階認証の導入）
- ソフトウェアの定期的なアップデート
- セキュリティソフトの導入
- 遠隔ロックや遠隔データ削除の設定
- ハードディスクの暗号化

Column

MDMについて知る

BYOD端末による情報漏えいのリスクを減らすために「MDM（エムディエム）」（Mobile Device Management）というツールがあります。これは、会社が従業員の端末を遠隔から管理するためのツールです。このツールを使うと、遠隔から端末をロックしたり、端末内のデータを削除したり、ソフトウェアの更新状況を確認したりすることができます。

MDMは会社が使うもので、みなさんが操作するものじゃないけど、導入されたときのためにどういったものなのか知っておこう。

「Intune」でパソコンを操作してみる

遠隔で端末を管理、といってもイメージがつきにくいかもしれません。そこで、MDMの1つである「Intune（インチューン）」というソフトウェアを使って実際に端末を操作してみました。

奥に映っている白いパソコンがIntuneの入った管理する側のパソコン、手前に映っているものが管理される側のパソコンです。

今回は、管理される側のパソコンが盗難されたことを想定して、Intuneを使って遠隔からロックしてみます。

Intuneの画面を見ていきましょう。

これがIntuneの画面です。管理している端末が一覧に表示されています。

盗難されたパソコンを選択します。

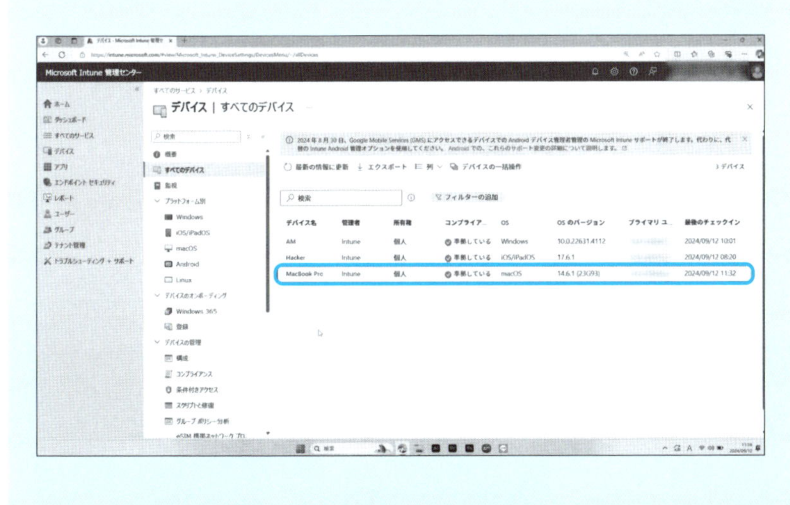

ロックしたいパソコンの管理画面から「リモートロック」をクリックします。

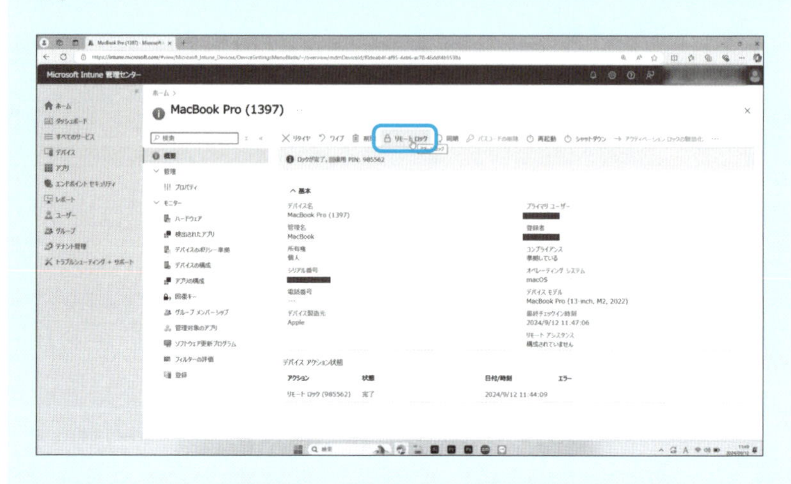

すると、盗難されたパソコンを直接さわらなくてもロックすることができました。

このロックは、管理する側のパソコンに表示されるコードを入力するまで解除されません。

ここでは、コードを入力してロックを解除するところまでやってみます。

▼Intuneの画面上部にコードが表示されている

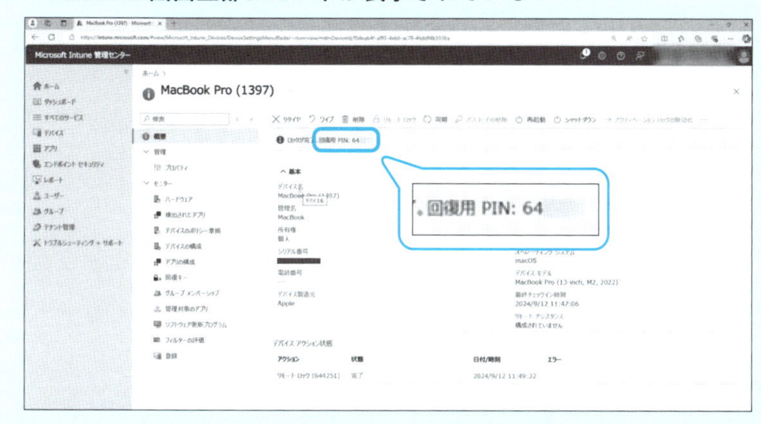

盗難されたパソコンはロック後しばらくするとコード入力画面が表示されます。

Intuneの画面に表示されるコードを入力すると、通常通り使えるようになります。

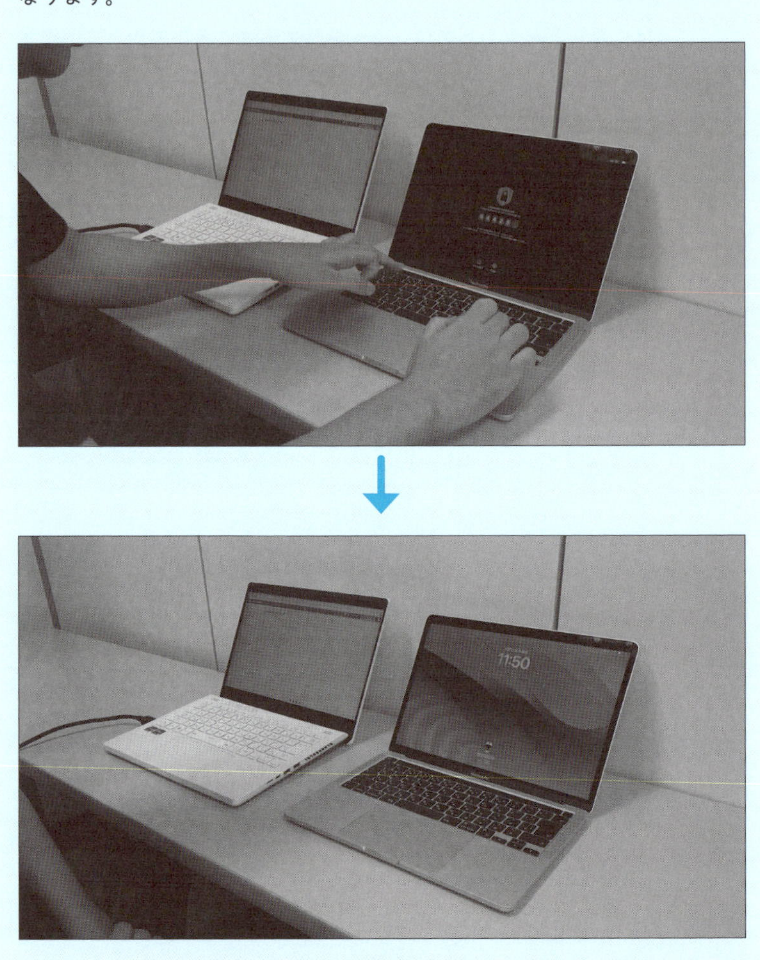

社内外へのファイル共有とストレージの管理

仕事をしていると、社内のファイルサーバを使って社内の人とファイルを共有したり、クラウドストレージを使って社外の人へファイルを共有したりと、誰かとファイルを共有する機会があると思います。

ファイルを共有するとき、その相手が社内の人でも社外の人でも、注意していなければ情報漏えいにつながる危険があります。

ここでは、情報漏えいを防ぐために、ファイル共有時になにに注意すべきなのかをお伝えします。

「アクセス権」を間違えると情報漏えいのリスク大

社内のファイルサーバであれクラウドストレージであれ、ファイルを共有するときは「アクセス権」に注意が必要です。

クラウドストレージや社内のファイルサーバでは、ファイルやフォルダごとにアクセス権を設定し、閲覧・編集できる人を制限できます。アクセス権を間違えれば、本来そのファイルを見てはいけない人も見ることができてしまい、情報漏えいにつながる危険があります。

たとえば、社員の給与情報が書かれたファイルを、間違えて全社員が閲覧できるフォルダに入れたことで、給与情報を他の社員に見られてしまった、というケースも考えられます。

権限設定ミスにより情報が漏えいした実例

実際に、アクセス権の設定ミスが原因で情報漏えいが発生した事件があります。たとえば、2023年に起きたトヨタ自動車の個人情報漏えい事件です。この事件では、クラウド環境の設定ミスによりファイルが公開状態になっていて、誰でもファイルにアクセスできる状態が10年間続いていました。このミスによって、カーナビの位置情報や車の位置情報など、215万人分のお客様のデータが流出しました。

「リンクを知っている全員」は危険な設定

クラウドストレージはインターネット上にファイルをアップロードしているため、設定を一歩間違えればファイルを全世界に公開することになります。

もちろん、誰でも見られて構わないファイルであれば問題ありませんが、そうでない場合は特に注意が必要です。

ここからは、クラウドストレージを使ってファイルを共有するときにやってはいけないアクセス権の設定方法についてくわしくお伝えします。

クラウドストレージの公開設定の中には「リンクを知っている全員」という設定があります。

「リンクを知っている全員」という設定は、「リンクを知っている人しかアクセスできないので安全」と思うかもしれません。しかし、ハッカーはファイルの共有用リンクを探して、そこからアクセスしてくることがあります。

ファイルがこの設定になっていると、リンクさえわかれば誰でもアクセスできてしまいます。そのため、「リンクを知っている全員」という設定は、公開しても問題のない資料を手軽に共有したい場合には有用ですが、機密情報や個人情報が含まれるファイルを共有するときにはさけるべき危険な設定です。

Column 「リンクを知っている全員」の共有リンクはハッカーに見つかる？

クラウドストレージのファイルを「リンクを知っている全員」が見られるように設定すると、いちいちアクセス権を意識しなくていいので便利ですよね。それに、複雑なURLをハッカーが探り当てる方法はないから安全なはずだ、と考えている方もいるのではないでしょうか。実際には、ハッカーはさまざまな手口で「リンクを知っている全員」の共有リンクを探し出しています。

・ウイルスチェック、スパムチェックにかけられたURLを利用

URLを入力することでウイルスチェック、スパムチェックを行えるサイトがあります。それらのうちの一部のサイトでは、利用者が入力したURLが自動でリスト化・公開されています。

共有リンクを受け取った人が「怪しいサイトではないか？」と考えて、そういったウイルスチェックのサイトにURLを入力。その結果、その共有リンクが他の人からも見られるようになってしまう、といったケースがあります。

・検索エンジンの詳細検索機能

検索エンジンは世界中のウェブサイトを自動的に調べ、検索結果に表示しています。ファイルの公開設定を誤ったり、フォルダをそのまま公開したりしていると、知らないうちに検索エンジンに拾われ、誰でもアクセスできるようになっていることがあります。

・外部サイトや掲示板に張り付けたリンクを悪用

SNSや掲示板、ブログなどに共有リンクを一度でも貼ると、そこにアクセスできる人ならだれでもそのリンクをクリックしてファイルを閲覧できる状態になります。後から投稿を消しても、キャッシュ（保存されたデータ）が残り、リンクが完全には消えない場合もあります。

・QRコードや短縮URLを推測・総当たり攻撃

短縮URLやQRコードは、見た目がすっきりして便利ですが、サービスによっては推測されやすいものもあります。

リンクは複雑だから推測できないと思っているかもしれないけど、探し出す手口はいくらでもあるのさ。

情報漏えいを防ぐ対策「アクセス権は必要最低限に」

情報漏えいを防ぐために、**アクセス権は「必要最低限」にする**ことが大切です。

社内のファイルサーバであっても、アクセスできる人を制限する必要のあるファイルかどうかきちんと確認するようにしましょう。

クラウドストレージであれば、「リンクを知っている全員」といった設定はさけ、共有したい人だけがファイルにアクセスできるようにしましょう。

「リンクを知っている全員」の設定になっているファイルがないか確認する

みなさんのクラウドストレージ内に「リンクを知っている全員」という設定になっているファイルがないか確認しましょう。

ここでは、Googleドライブで「リンクを知っている全員」に設定されているファイルがないか確認する方法を紹介します。

①Googleドライブの「マイドライブ」を開く

②「ユーザー」をクリック

③「リンクを知っている全員」をクリック

公開設定が「リンクを知っている全員」になっているファイルが表示されます。

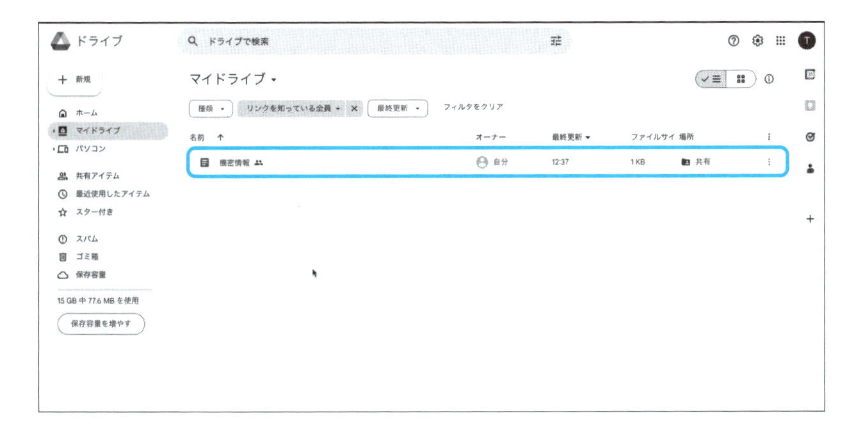

もし「リンクを知っている全員」の設定になっているファイルがあれば、アクセス権が必要最低限になるように設定しなおそう。

Column 「シャドウIT」は危険

みなさんに知っておいてほしい用語としてシャドウITという言葉を紹介したいと思います。シャドウITとは、会社が承認していないITツールやサービスを従業員が仕事に使うことです。たとえば、会社から指定されているものとは別のクラウドストレージを無断で使うことなどがシャドウITにあたります。

なぜこれを紹介したかというと、シャドウITはセキュリティ上危険な行為だからです。

たとえば、会社が承認していないクラウドストレージを使用したとします。すると、会社側が把握できない場所にファイルが保存されることになります。もしそのファイルが不正アクセスを受けた場合、会社側がすぐに対応できず、さらなる情報漏えいにつながるリスクが高くなります。

セキュリティリスクをすくなくするためにも、会社が承認したサービス・ツールを使うようにしよう！

やってみよう

みなさんが使っているクラウドストレージの中に、「リンクを知っている全員」という設定になっているファイルがないか確認しましょう。

7-3

セキュリティポリシーの遵守とインシデント報告

セキュリティポリシーとは、会社が情報を守るために決めた方針やルールのことです。みなさんは、自社のセキュリティポリシーをどれくらい把握していますか？ もしかすると、見たことがない、あるいは見たけど内容がよくわからなかったという方もいるかもしれませんが、セキュリティポリシーはとても重要なものです。

ここでは、セキュリティポリシーとは具体的にどのようなもので、なぜ重要なのかをお伝えします。

セキュリティポリシーを実践しよう

自社のセキュリティポリシーの内容をあまりよく知らないという方の中には「自分には関係ないからあまり読む気がおきない」という方もいるかもしれません。

しかし、会社で働いているすべての人に情報セキュリティ対策が必要であるというのはこれまで見てきた通りです。セキュリティ事故につながる危険はみなさんのすぐ近くにあります。セキュリティポリシーに書かれていることは、決して他人ごとではなく、みなさんと関係のあることです。

また、「セキュリティポリシーって難しいことが書いてありそう」と思っている方や、「前に読んだことはあるけど内容が難しくてよくわからなかった」という方もいるでしょう。ここで、セキュリティポリシーに書かれている内容をいっしょに見てみましょう。会社によって多少異なるところはありますが、多くの会社では次のような内容が書かれています。

▼セキュリティポリシーに書かれていることの例

- パスワード管理を徹底する
- ソフトウェアをアップデートする
- メールのセキュリティを徹底する
- インターネット利用ポリシーを守る
- SNSのセキュリティを徹底する
- ソーシャルエンジニアリング対策を実施する
- オフィス内外のセキュリティを徹底する
- モバイルデバイス管理を徹底する
- リモートワーク時のセキュリティを徹底する
- 情報の持ち出しルールを守る
- ファイル共有時の注意点を守る

これを見てピンときた方もいるかもしれませんが、実は、セキュリティポリシーに書かれていることというのは、これまで本書で学んできた内容とほとんど同じです。いまのみなさんであれば、内容をしっかりと理解できるはず。

「自分に関係あるの？」と思っていた方も、「セキュリティポリシーって難しそう」と思っていた方も、まずはセキュリティポリシーをしっかり読んでみてください。一度読んだだけでは記憶から薄れてしまうので、定期的に読み返すように心がけましょう。セキュリティポリシーに書かれている内容をしっかりと把握し、確実に実践するようにしてください。

セキュリティポリシーを実践せず情報が漏えいした例

なぜこんなにもセキュリティポリシーを実践するようにお伝えしているかというと、セキュリティポリシーを実践しないとセキュリティ事故が起きやすくなるからです。

実際に、セキュリティポリシーが実践されず情報漏えいにつながった事件があります。2015年に日本年金機構の職員がセキュリティポリシーに反し、不審なメールを安易に開いてしまいました。セキュリティポリシーに「不審なメールは開かない」と決められていたにも関わらず、職員がメールを開封しパソコンがウイルスに感染してしまったのです。

日本年金機構は職員に注意喚起を行いましたが、その後も別の職員が同じようなメールを開封してしまい、ウイルス感染が社内で拡大する事態に。最終的に年金加入者125万人分の氏名、生年月日、住所、年金番号などの個人情報が流出し、大きな被害が生じました。

セキュリティポリシーがあっても、社員がポリシーを実践していないと意味がないね。情報を守るためにも、しっかりとポリシーの内容を理解して、日々の業務の中で実践するようにしよう!

セキュリティポリシーがない場合：ガイドラインを作成してみよう

みなさんの中には、まだ会社のセキュリティポリシーが整備されていないという方がいるかもしれません。

ポリシーがない場合は、ぜひみなさんの手で作ってみてはいかがでしょうか。本書の内容を参考に、必要に応じて上司やセキュリティ担当者と相談しながら、まずはガイドラインという形で作成するところからスタートしましょう。

いまのみなさんであれば、セキュリティについて理解できているはず。次のページにこれまで本書で学んできたことをまとめているので、これを参考にガイドラインを作ってみよう。

本書で学んできたこと

第2章：パスワード

- 2要素認証を利用する
- 所持情報、生体情報を利用する
- 推測しにくいものを利用する
- できるだけ長く複雑にする
- パスワード管理ツールを使う

第3章：ソフトウェア

- 自動アップデートを有効にする

第3章：メール

- 送信前チェックを徹底する
- 添付ファイルは使わない
- クラウドストレージを利用する
- 送信取り消し機能を有効にする
- メールのリンクから移動しない
- リンクが正しいか確認する

第4章：インターネット

- 不明なサイトにアクセスしない
- 不明なソフトをインストールしない
- 自社で許可されたソフトのみ利用する
- ウイルスチェック後インストールする

第4章：SNS

- 投稿前にチェックする
- 情報の出どころを確認する

第4章：ソーシャルエンジニアリング

- 急に表示された警告に反応しない
- くわしい友人、同僚に相談する
- セキュリティ対策ソフトを導入する

第5章：オフィス内外

- 共連れを許さない
- 施錠を徹底する・クリアデスクを徹底する
- 画面の自動ロックを有効にする
- 背後が壁になっている座席を選ぶ
- のぞき見防止フィルターを使用する
- 公共の場で機密情報を扱わない
- 公共Wi-Fiを信頼しない
- VPNを使用する

第5章：モバイルデバイス

- 肌身離さず持ち歩く
- 飲酒時は機密情報を持ち歩かない
- 紛失時に発見、消去できる設定にする
- ハードディスクを暗号化する

第6章：リモートワーク

- サポート切れのWi-Fiルーターは使わない
- Wi-Fiパスワードは推測しにくいものにする
- Wi-Fiルーターの管理画面のパスワードも推測しにくくする

第6章：情報の持ち出し

- 情報を持ち出す場合は許可を得る
- 廃棄する場合は、「完全削除」を行う

第7章：デバイス管理

- USBメモリは原則使わない
- 使う場合でも許可されたUSBメモリのみを利用する
- クラウドストレージなどでファイル共有する
- 業務とプライベートで端末を分ける

第7章：ファイル共有

- 適切なアクセス権を付与する
- 許可されているクラウドストレージのみを利用する

第7章：セキュリティポリシー

- 疑いがあればセキュリティ担当へ報告する
- 担当者の緊急連絡先を確認する
- 会社のセキュリティポリシーを熟読し、遵守する

セキュリティポリシーを実践しない会社は商売をする資格なし

セキュリティポリシーを実践することは、自社の情報に加え、お客様や取引先企業の情報を守ることでもあります。

会社では、自社だけでなく、お客様や取引先など自社に関わる多くの人々の情報も扱っています。セキュリティポリシーを実践しなければ、自社に関わる人の情報を危険にさらすことになるのです。

会社の事業は、お客様や取引先企業といった関係者があってこそ成り立つもの。自社に関係する人を大事にするという意味でも、セキュリティポリシーは必ず実践する必要があります。

インシデントの疑いがあれば「すぐ」報告

ウイルス感染、不正アクセス、データ漏えいなど、情報漏えいにつながるいろいろなセキュリティ事故のことを、セキュリティ用語で「インシデント」とよびます。

どんなにセキュリティポリシーを守っていても、インシデントの発生を完全に防ぐことは難しいものです。ここで、インシデントが発生した場合の対応について確認しましょう。

インシデントが発生した場合は**すぐに上司やセキュリティ担当者に報告**してください。もし、「インシデントかも？」という**疑いの段階であってもとにかくすぐに報告すること**が大切です。

被害を最小限に抑えるためには、早い段階での対応が重要になります。

報告が早ければ早いほど迅速に対応できるため、「まずは報告をする」ことが大切です。

また、インシデントがいつ起きても迅速に対応できるよう、誰に報告すべきかといった**緊急連絡先を日頃から確認しておく**ようにしましょう。

「インシデントかも?」と思ったら即報告!
被害を抑えるためにも、これを徹底するようにしよう!

やってみよう

みなさんの会社にセキュリティポリシーはありますか?
ポリシーがある方はポリシーをしっかりと読みましょう。
ポリシーがない方は、243ページを参考にガイドラインという形でまとめてみましょう。

おわりに

サイバーセキュリティの世界は日々進化し、私たちが知らない間に新たな脅威が生まれています。皮肉なことに、知らないがゆえに罪のない人々が恐ろしい不幸に遭い、ときには加害者になってしまうこともあります。私がYouTubeで情報発信をしていると、被害に遭われた方から多くのコメントをいただきます。そのほとんどが「知らなかった」ことによる被害です。だからこそ、無知は罪であり、被害を広げてしまう原因となります。

車で事故を起こした場合、その責任は運転者にあります。同様に、セキュリティ事故が発生した際、攻撃者が悪であることは明確です。しかし、防御側にも適切な対策を怠った責任がとわれてしまいます。セキュリティ事故を起こさないよう、パソコンやスマートフォンなどのデジタル機器を使う者としてのマナーやお作法をしっかりと身につけ、あたり前に実践できるようにならなければいけません。コロナ禍でマスクを着用するのが常識となったように、サイバー空間でも被害に遭わない対策を常に心がけるべきです。

攻撃者は本書で説明したような攻撃の「どれか1つ」でも成功すれば目的を達成できますが、私たち防御側は本書で説明したセキュリティ対策の「すべて」を徹底する必要があります。セキュリティレベルは樽に入った水の量にたとえられます。どこかの板（対策）が欠けていれば、水（安全性）はすべて流れ出てしまいます。だからこそ、全員が協力し、すべての対策を実施することが重要です。

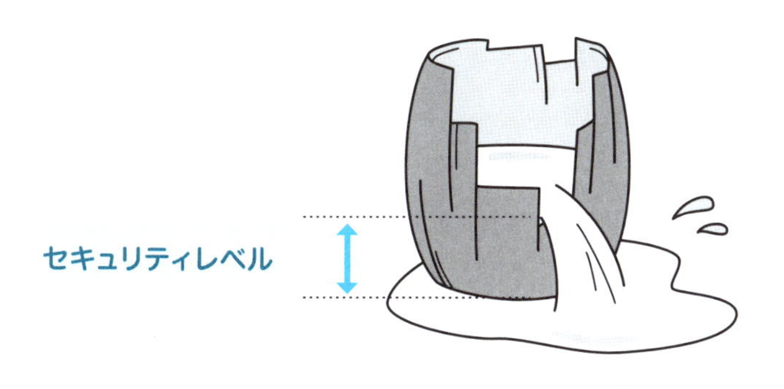

本書を通じて、みなさんは「知らない」という状態から「知る」「わかる」「行う」「できる」まで進んでいるはずです。次のステージとして、その知識とスキルを周囲と「共有する」ことに挑戦してみてください。「鎖は一番弱い輪以上に強くなれない」という言葉があります。組織や社会全体のセキュリティは、最も弱い部分でその強度が決まります。知っている人に頼るのもいいですし、知らない人には教えてあげることで、全員で立ち向かうことができます。セキュリティは「個人プレー」ではなく「チームプレー」です。お互いが補い合いながら、完璧な樽や鎖を築き、セキュリティを守っていきましょう。

セキュリティに向き合う姿勢として、自分ごととしてとらえ、継続的に学ぶことが大切です。車の教習所で全員が知識とスキルを身につけ、定期的に復習して安全運転を心がけるように、セキュリティも常に意識を高め、知識・スキル・意識を保つ必要があります。そうしなければ、思わぬ事故やトラブルに巻き込まれる可能性があります。

本書を読んだみなさんなら、すでに攻撃者に立ち向かう力を持っています。ともに協力し、安全なサイバー空間を築いていきましょう！

これからもいっしょに学び続けていきましょう。最新の情報や対策については、私のYouTubeチャンネルでも発信していますので、ぜひご覧ください。

YouTubeチャンネル：「ハッカーかずの部屋」

https://www.youtube.com/@hackerkaz

ご自身と大切な人々を守るために、セキュリティの旅を続けてください。

ハッカーかず

参考URL一覧

1章

- トレンドマイクロ法人組織のセキュリティ成熟度調査2022年実施
  https://www.trendmicro.com/ja_jp/about/press-release/2022/pr-20221207-01.html

2章

- Pwned Passwords
  https://haveibeenpwned.com/Passwords

- bitwardenパスワード強度チェック
  https://bitwarden.com/ja-jp/password-strength/

- Intelligence X
  https://intelx.io/

- bitwarden
  https://bitwarden.com/ja-jp/

3章

- フィッシング対策協議会、月次報告書
  https://www.antiphishing.jp/report/monthly/

- フィッシング対策協議会、緊急情報
  https://www.antiphishing.jp/news/alert/

4章

- uBlock Origin
  https://ublockorigin.com/jp

- VirusTotal
  https://www.virustotal.com/

- IPA"偽セキュリティ警告画面の閉じ方体験サイト"
  https://www.ipa.go.jp/security/anshin/measures/fa-experience.html

5章

- Proton VPN
  https://protonvpn.com/ja/download-windows

6章

- black hat® USA 2016,"DOES DROPPING USB DRIVES REALLY WORK?",Elie Bursztein
  https://www.blackhat.com/docs/us-16/materials/us-16-Bursztein-Does-Dropping-USB-Drives-In-Parking-Lots-And-Other-Places-Really-Work.pdf

- Recuvaのダウンロードサイト
  https://www.ccleaner.com/ja-jp/recuva/download

- Appleサポートページ"ディスクユーティリティを使ってIntel搭載のMacを消去する"
  https://support.apple.com/ja-jp/102639

索引

数字

A～Z

あ行

か行

さ行

た行

は行

ま行

ら行

わ行

著者プロフィール

ハッカーかず

セキュリティ歴20年以上のホワイトハッカー。
サーバ管理や脆弱性診断、コンサルなどで企業の防御力向上に貢献。
YouTube「ハッカーかずの部屋」にて、情報セキュリティに関する知識・理論だけでなく具体的な実例も映像化し、エンタメ性を交えて一般層にも啓蒙。
CISSP、ウイルスハンター、フィッシング対策協議会チャレンジコイン保持。

YouTube:
https://www.youtube.com/@hackerkaz

あしたの仕事力研究所

実務スキルの習得と検定などの提供を通じ、企業で働く人材育成を支援。
社会の変化に対応したさまざまな働き方の可能性を高めるコンテンツの提供を行っている。

- 本文デザイン＆DTP：リンクアップ
- 装丁：喜來詩織（エントツ）
- イラスト：大野文彰
- 担当：小吹陸郎

【お問い合わせについて】

本書に関するご質問は、FAXか書面でお願いいたします。電話での直接のお問い合わせにはお答えできません。あらかじめご了承ください。下記のWebサイトでも質問用フォームを用意しておりますので、ご利用ください。

【問い合わせ先】

〒162-0846　東京都新宿区市谷左内町21-13
株式会社技術評論社　書籍編集部
「社会人1年生の情報セキュリティ超入門」係
FAX：03-3513-6183
Web：https://gihyo.jp/book/2025/978-4-297-14722-8

社会人1年生の情報セキュリティ超入門

2025年3月15日　初版　第1刷発行

著　者　ハッカーかず、一般社団法人 あしたの仕事力研究所
発行者　片岡　巌
発行所　株式会社技術評論社
　　　　東京都新宿区市谷左内町21-13
　　　　電話　03-3513-6150　販売促進部
　　　　　　　03-3513-6166　書籍編集部
印刷／製本　港北メディアサービス株式会社

・定価はカバーに表示してあります。
・本書の一部または全部を著作権法の定める範囲を超え、無断で複写、複製、転載、あるいはファイルに落とすことを禁じます。
・造本には細心の注意を払っておりますが、万一、乱丁（ページの乱れ）や落丁（ページの抜け）がございましたら、小社販売促進部までお送りください。送料小社負担にてお取り替えいたします。

ⓒ2025　一般社団法人 あしたの仕事力研究所

ISBN 978-4-297-14722-8　C3055
Printed In Japan